단기합격의 완성,
시험에 나오는 빈출 이론 및 문제 만을 엄선!

최신
개정사항
완벽 반영

배울학

4 전력공학

전기(산업)기사·전기공사(산업)기사

-발송배전기술사 **윤석만** 저-

중요한 핵심 **이론**

시험에 나올 **적중실전문제** ← 이론을 바로 적용한 **예제**

초보자부터 전공자까지 다양한 수험생에게 합격의 방향을 제시해 줄 최적의 수험서
정확한 이론 정립과 이해를 돕는 예제, 출제 가능성이 높은 적중실전문제까지 한 권에 담았습니다

저자 직강
동영상 강의

무료강의
학습자료

교수님과의
1:1 상담

www.baeulhak.com

머리말

전기 에너지의 사용은 과거보다 현대 사회에서 점차 증가하고 있습니다. 따라서, 우리는 이러한 전력 에너지의 생산, 전기 시설물의 신축과 유지 관리에 필요한 전문 인력의 양성 및 확보가 이전보다 더욱 중요한 사회에서 살고 있는 것입니다. 앞으로 전기 관련 자격증 보유자의 전망은 그만큼 더욱 밝다고 할 수 있습니다.

전기기사 및 전기공사기사 시험을 준비하는 수험생들에게 전력공학은 전기에 관련된 전반적인 지식을 알려주는 가장 중요한 과목입니다. 또한, 1차 필기시험을 대비하면서 우리가 익히게 될 전력공학의 전기 용어와 수식들은 2차 실기시험에도 다양하게 적용됩니다. 그러므로 전력공학 과목을 정확하게 학습하고 이해하는 것은 전체적인 시험 대비에 막대한 영향을 미칠 것이 분명합니다.
이에 본 교재를 가지고 전기기사 및 전기공사기사 시험 준비를 하는 수험생들은 매우 중요한 과목을 학습하는 시간이라고 생각하면 되겠습니다.

따라서 전력공학을 공부할 때에는 암기 위주로 공부하지 않는 것이 핵심 포인트입니다.
전력공학을 단순 암기식으로 공부하는 것은 전력공학 한 과목의 점수로만 본다면 단기간 내에 효과가 있을 수도 있습니다. 그러나 최종적인 2차 실기 시험을 준비할 때에는 어느 시점에서 전기에 대한 지식을 익히는데 한계가 생기기 때문에 어려움을 겪는 수험생들을 자주 볼 수 있습니다.

지금까지 제가 해드린 조언을 늘 기억하시고, 전력공학 과목의 학습과정을 통하여 전기에 대한 전반적인 이해력과 학습 능력을 익히시기 바랍니다.

편저자 윤석만

책의 특징

배울학 전기(산업)기사·전기공사(산업)기사

01 전기(산업)기사·전기공사(산업)기사 최단기간 합격을 위한 필기 필수 기본서

- 전기(산업)기사·전기공사(산업)기사 필기 시험을 대비하기 위한 필수 기본서로 출제기준에 꼭 필요한 핵심이론을 수록하였다.
- 효율적인 학습이 가능하도록 구성하였다. 또한, 예제와 적중실전문제를 수록하여 기본부터 실전까지 한 번에 완성할 수 있다.

02 최신 경향을 완벽 반영한 학습구성

최신 경향을 반영하여 단기적으로 학습할 수 있도록 체계적으로 구성하였다.

① 핵심이론 학습 후 바로 예제문제를 통하여 이론을 파악할 수 있다.
② 각 Chapter별 적중실전문제를 통해 빈출문제부터 최근 출제경향문제까지 다양한 유형의 문제를 파악할 수 있다.
③ 과목별로 필요한 핵심이론 및 문제를 한 권으로 집필하여 실전을 완벽하게 대비할 수 있다.

03 엄선된 문제 & 상세한 해설 수록

- 각 문제의 출제 빈도수에 따라 별 개수를 다르게 표시하여 그 문제의 중요도를 파악하고 효율적인 학습이 가능하도록 하였다.
- 모든 문제에 대한 상세한 해설을 수록하여 이해를 높일 수 있도록 하였다.

책의 구성

배울학 전기(산업)기사·전기공사(산업)기사

www.baeulhak.com

01 핵심이론

- 시험에 반드시 나오는 기본이론을 정리하여 체계적으로 학습한다.
- 기본핵심원리와 필수공식으로 이론을 확실하게 정립한다.

02 예제

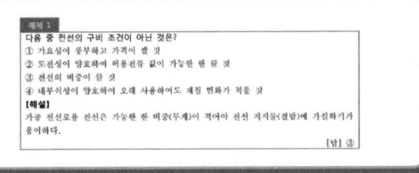

- 이론 학습 후 예제문제 풀이를 통해 취약점을 보완할 수 있다.
- 기본이론과 필수공식을 문제에 바로 적용하여 이론에 대한 이해와 암기 지속시간을 높이고 실전능력을 기른다.

03 적중실전문제

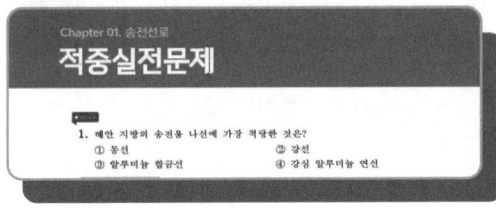

- 30여년 간의 과년도 기출문제를 완벽하게 분석하여 정리한 빈출문제 및 최근출제경향문제를 각 Chapter별로 수록하여 실전 적응력을 높일 수 있도록 한다.
- 문제의 중요도를 파악할 수 있도록 출제 빈도수를 표시하여 학습 효율성이 증대되도록 한다.

전기기사·산업기사 안내

개요

전기를 합리적으로 사용하는 것은 전력부문의 투자효율성을 높이는 것뿐만 아니라 국가 경제의 효율성 측면에도 중요하다. 하지만 자칫 전기를 소홀하게 다룰 경우 큰 사고로 이어질 수 있기 때문에 안전에 주의해야 한다.
그러므로 전기 설비의 운전 및 조작, 유지·보수에 관한 전문 자격제도를 실시해 전기로 인한 재해를 방지하여 안전성을 높이고자 자격제도를 제정한다.

전기기사·산업기사의 역할

- 전기기계기구의 설계, 제작, 관리 등과 전기설비를 구성하는 모든 기자재의 규격, 크기, 용량 등을 산정하기 위한 계산 및 자료의 활용과 전기설비의 설계, 도면 및 시방서 작성, 점검 및 유지, 시험작동, 운용관리 등에 전문적인 역할과 전기안전 관리를 담당한다.

- 한 공사현장에서 공사를 시공, 감독하거나 제조공정의 관리, 발전, 소전 및 변전시설의 유지관리, 기타 전기시설에 관한 보안관리업무를 수행한다.

전기기사·산업기사의 전망

- 발전, 변전설비가 대형화되고 초고속·초저속 전기기기의 개발과 에너지 절약형, 저 손실 변압기, 전동력 속도제어기, 프로그래머블콘트럴러 등 신소재 발달로 인해 에너지 절약형 자동화기기의 개발, 또 내선설비의 고급화, 초고속 송전, 자연에너지 이용확대 등 신기술이 급격히 개발되고 있다. 이에 따라 안전하게 전기를 관리할 수 있는 전문인의 수요는 꾸준할 것으로 예상된다.

- 「전기사업법」 등 여러 법에서 전기의 이용과 설비 시공 등에서 안전관리를 위해 자격증 소지자를 고용하도록 하고 있어 자격증 취득시 취업이 유리한 편이다.

전기기사 · 산업기사 자격증의 다양한 활용

취업

- 한국전력공사를 비롯한 전기기기제조업체, 전기공사업체, 전기설계전문업체, 전기기기설비업체, 전기안전관리 대행업체, 환경시설업체 등에 취업
- 전기부품·장비·장치의 디자인 및 제조, 실험과 관련된 연구를 담당하기 위해 생산업체의 연구실 및 개발실에 종사하기도 함

가산점 제도

- 6급 이하 및 기술공무원 채용 시험 시 가산
- 공업직렬의 항공우주, 전기 직류와 해양교통시설 직류에서 8·9급 기능직, 기능 8급 이하일 경우 5%(6·7급 기능직, 기능 7급 이상일 경우 3 ~ 5%의 가산점 부여)
- 시설직렬의 도시계획, 일반토목, 농업토목, 교통시설, 도시교통설계직류에서 8·9급, 기능직 기능 8급 이하(6·7급, 기능직, 기능 7급 이상일 경우 5% 가산점 부여) ⇒ 기사만 해당
- 한국산업인력공단 일반직 5급 채용 시 필기시험 만점의 6% 가산
- 경찰공무원 채용 시험 시 가산점 부여

우대

- 국가기술자격법에 의해 공공기관 및 일반기업 채용 시 그리고 보수, 승진, 전보, 신분보장 등에 있어서 우대

전기공사기사 · 공사산업기사 안내

개요

전기는 우리의 일상생활에서뿐만 아니라 전 산업분야에서 필수불가결한 기본 에너지이지만 전력시설물의 시공을 포함한 전기공사에는 각별한 주의와 함께 전문성이 요구된다.
이에 따라 전기공사시 그리고 시공된 시설물의 유지 및 보수에 안전성을 확보하고 전문인력을 확보하고자 자격제도를 제정한다.

전기공사기사 · 공사산업기사의 역할

- 전기공사비의 적산, 공사공정계획의 수립, 시공과정에서 전기의 적정여부 관리 등 주로 기술적인 직무를 수행한다.
- 공사현장 대리인으로서 시공자를 대리하여 전기공사를 현장관리를 하는 동시에 발주자에 대해서는 시공자를 대신하여 업무를 수행한다.

전기공사기사 · 공사산업기사의 전망

- 전기가 전 산업에서의 기본 에너지임을 감안할 때 전기시설물의 시공과 점검 및 유지·보수에 대한 관심이 지속되어 관련 전문가의 수요는 계속될 것이다.
- 전기는 현대사회와 산업발전에 필수적인 에너지로써 전력수요량과 전기공사량은 경제 성장과 함께 한다고 할 수 있는데, 현재는 통신설비와 기기의 기술이 크게 발전하여 이와 관련된 전문가라고 하더라도 지속적인 첨단장비의 설치 기술능력이 요구된다.
- 「전기공사업법」에서도 전기공사의 규모별 전기기술자의 시공관리 구분을 규정함으로써 전기기술자 이외에는 자가로 전기공사업무를 수행할 수 없도록 규정하고 있기 때문에 자격증 취득 시 진출범위가 넓고 취업이 유리하여 매년 많은 인원이 응시하고 있다.

전기공사기사 · 공사산업기사 자격증의 다양한 활용

취업

- 한국전력공사를 비롯한 여러 공기업체, 전기공사업체, 발전소, 변전소, 설계회사, 감리회사, 조명공사업체, 변압기, 발전기, 전동기 수리업체 등 전기가 쓰이는 모든 전기공사시공업체에 취업가능
- 일부는 전기공사업체를 자영하거나 전기직 공무원으로 진출하기도 함

가산점 제도

- 6급 이하 및 기술공무원 채용 시험 시 가산
- 공업직렬의 항공우주, 전기 직류와 해양교통시설 직류에서 8·9급 기능직, 기능 8급 이하일 경우 5%(6·7급 기능직, 기능 7급 이상일 경우 3 ~ 5%의 가산점 부여)
- 시설직렬의 도시계획, 일반토목, 농업토목, 교통시설, 도시교통설계직류에서 8·9급, 기능직 기능 8급 이하(6·7급, 기능직, 기능 7급 이상일 경우 5% 가산점 부여) ⇒ 기사만 해당
- 한국산업인력공단 일반직 5급 채용 시 필기시험 만점의 6% 가산
- 경찰공무원 채용 시험 시 가산점 부여

우대

- 국가기술자격법에 의해 공공기관 및 일반기업 채용 시 그리고 보수, 승진, 전보, 신분보장 등에 있어서 우대

시험 안내

배울학 전기(산업)기사·전기공사(산업)기사

원서접수 안내

- 접수기간 내 큐넷(http://www.q-net.or.kr) 사이트를 통해 원서접수
  (원서접수 시작일 10:00 ~ 마감일 18:00)

- 시험수수료
  필기 : 19,400원
  실기 : 22,600원(기사) / 20,800원(산업기사)

응시자격

기사	· 동일(유사)분야 기사 · 산업기사 + 1년 · 기능사 + 3년 · 동일종목외 외국자격취득자	· 대졸(졸업예정자) · 3년제 전문대졸 + 1년 · 2년제 전문대졸 + 2년 · 기사수준의 훈련과정 이수자 · 산업기사수준 훈련과정 이수 + 2년
산업기사	· 동일(유사)분야 산업 기사 · 기능사 + 1년 · 동일종목외 외국자격취득자 · 기능경기대회 입상	· 전문대졸(졸업예정자) · 산업기사수준의 훈련과정 이수자

시험과목

구분	전기기사	전기공사기사
기사	① 전기자기학 ② **전력공학** ③ 전기기기 ④ 회로이론 및 제어공학 ⑤ 전기설비기술기준	① 전기응용 및 공사재료 ② **전력공학** ③ 전기기기 ④ 회로이론 및 제어공학 ⑤ 전기설비기술기준

구분	전기산업기사	전기공사산업기사
산업기사	① 전기자기학 ② **전력공학** ③ 전기기기 ④ 회로이론 ⑤ 전기설비기술기준	① 전기응용 ② **전력공학** ③ 전기기기 ④ 회로이론 ⑤ 전기설비기술기준

검정방법 및 시험시간

구분	필기		실기	
	검정방법	시험시간	검정방법	시험시간
전기(공사)기사	객관식 4지 택일	과목당 20문항 (과목당 30분)	필답형	필답형 (2시간 30분)
전기(공사) 산업기사	객관식 4지 택일	과목당 20문항 (과목당 30분)	필답형	필답형 (2시간)

시험방법

· 1년에 3회 시험을 치르며, 필기와 실기는 다른 날에 구분하여 시행

합격자 기준

· 필기 : 100점을 만점으로 하여 과목당 40점 이상, 전과목 평균 60점 이상
· 실기 : 100점을 만점으로 하여 60점 이상
· 필기시험에 합격한 자에 대하여는 필기시험 합격자 발표일로부터 2년간 필기시험을 면제

합격자 발표

· 최종 정답 발표는 인터넷(http://www.q-net.or.kr)을 통해 확인 가능
· 최종 합격자 발표는 발표일에 인터넷(http://www.q-net.or.kr) 또는 ARS(1666-0100)로 확인 가능

필기 출제 경향 분석

배울학 전기(산업)기사·전기공사(산업)기사

전기(공사)기사

분류	출제빈도(%)
송전선로	10%
선로정수 및 코로나	13%
송전 특성 및 조상 설비	8%
중성점 접지방식과 유도장해	9%
전력 계통의 안정도	8%
고장 계산	8%
이상 전압 및 개폐기	13%
보호 계전기	5%
배전 선로	10%
수력 발전	5%
화력 발전	7%
원자력 발전	4%
새로운 발전	0%
총계	**100%**

전기(공사)산업기사

분류	출제빈도(%)
송전선로	7%
선로정수 및 코로나	4%
송전 특성 및 조상 설비	9%
중성점 접지방식과 유도장해	6%
전력 계통의 안정도	5%
고장 계산	7%
이상 전압 및 개폐기	19%
보호 계전기	7%
배전 선로	22%
수력 발전	6%
화력 발전	5%
원자력 발전	2%
새로운 발전	0%
총계	**100%**

목차

전력공학

Chapter 01. 송전선로 ········· 1
- 01. 전선 ········· 2
- 02. 전선 지지물(철탑) ········· 4
- 03. 애자(Insulator) ········· 6
- 04. 송전 선로의 가설 ········· 10
- 적중실전문제 ········· 16

Chapter 02. 선로정수 및 코로나 ········· 27
- 01. 선로정수 ········· 28
- 02. 코로나(Corona) ········· 34
- 적중실전문제 ········· 36

Chapter 03. 송전 특성 및 조상 설비 ········· 47
- 01. 송전 특성 ········· 48
- 02. 조상 설비 ········· 57
- 03. 직류 송전(HVDC) ········· 62
- 적중실전문제 ········· 64

Chapter 04. 중성점 접지방식과 유도장해 ········· 83
- 01. 중성점 접지 방식의 종류 ········· 84
- 02. 유도 장해 ········· 90
- 적중실전문제 ········· 93

Chapter 05. 전력 계통의 안정도 ········· 105
- 01. 안정도 종류 ········· 106
- 02. 안정도 향상 대책 ········· 107
- 적중실전문제 ········· 108

Chapter 06. 고장 계산 ········· 113
- 01. 3상 단락 고장 계산 (평형 고장) ········· 114
- 02. 대칭 좌표법 (불평형 고장 계산 방법) ········· 116
- 적중실전문제 ········· 120

Chapter 07. 이상 전압 및 개폐기 ········· 131
- 01. 계통에서 발생하는 이상 전압의 종류 ········· 132
- 02. 진행파의 반사와 투과 현상 ········· 134
- 03. 이상 전압 방지 대책 ········· 136
- 04. 개폐기 (차단기, 단로기) ········· 141
- 적중실전문제 ········· 145

Chapter 08. 보호 계전기 ········· 161
- 01. 보호 계전 시스템 ········· 162
- 02. 보호 계전기의 종류 ········· 163
- 03. 비율 차동 계전기(87 : Percentage Differential R/y) ········· 165
- 04. 거리(임피던스) 계전기 ········· 166
- 05. 송전 선로의 단락 사고 보호 시스템 ········· 167
- 06. 표시선(Pilot-wire) 보호 시스템 ········· 169
- 07. 계기용 변성기 (PT, CT) ········· 171
- 적중실전문제 ········· 174

Chapter 09. 배전 선로 ········· 189
- 01. 저압 배전선로의 구성 ········· 190
- 02. 배전선로의 전기 방식 ········· 192
- 03. 전압 강하 및 전력 손실 ········· 195
- 04. 변압기 효율 ········· 197
- 05. 최대 전력 산출(변압기 용량 결정)에 사용되는 계수 ········· 199
- 06. 전력 품질 (Power Quality) ········· 200
- 07. 배전 계통의 손실 경감 대책 ········· 202
- 08. 역률 개선 ········· 203
- 09. 배전선로 보호 장치 ········· 204
- 10. 배전 전압의 승압 ········· 205
- 11. 배전 선로의 전압 조정 설비 ········· 206
- 적중실전문제 ········· 207

Chapter 10. 수력 발전 · · · · · · · · · · · · · · · 225

01. 수력학 · 226
02. 수력 발전소의 출력 · · · · · · · · · · · · · · · · 229
03. 수차 (Turbine) · · · · · · · · · · · · · · · · · · · 230
04. 조압 수조 (Surge Tank) · · · · · · · · · · · · 233
05. 캐비테이션 (Cavitation : 공동 현상) · · · · 234
06. 수차의 특유 속도 (N_s, 비속도 : Specific Speed) · 235
07. 양수 발전소 · 236
● 적중실전문제 · 237

Chapter 11. 화력 발전 · · · · · · · · · · · · · · · 245

01. 열역학 · 246
02. 기력 발전소의 열 사이클 · · · · · · · · · · · · 247
03. 기력 발전소의 열효율 · · · · · · · · · · · · · · 253
04. 기력 발전소용 보일러 · · · · · · · · · · · · · · 255
05. 집진기 · 256
06. 조속기 · 257
● 적중실전문제 · 258

Chapter 12. 원자력 발전 · · · · · · · · · · · · · 269

01. 원자력 발전의 원리 · · · · · · · · · · · · · · · · 270
02. 원자력 발전의 특징 · · · · · · · · · · · · · · · · 270
03. 열중성자 원자로 · · · · · · · · · · · · · · · · · · 271
04. 원자로의 종류 · 273
● 적중실전문제 · 275

Chapter 13. 새로운 발전 · · · · · · · · · · · · · 281

01. 신·재생 에너지 · · · · · · · · · · · · · · · · · · · 282
02. 태양 에너지 이용 발전 · · · · · · · · · · · · · 283
03. 육상 에너지 이용 발전 · · · · · · · · · · · · · 286
04. 해양 에너지 이용 발전 · · · · · · · · · · · · · 290
05. 신기술 발전 · 295
06. 에너지 저장 기술 · · · · · · · · · · · · · · · · · 297
● 적중실전문제 · 300

MEMO

Chapter 01

송전선로

01. 전선

02. 전선 지지물(철탑)

03. 애자(Insulator)

04. 송전 선로의 가설

- 적중실전문제

Chapter 01 송전선로

01 전선

1) 전선의 구비 조건

(1) 도전율이 클 것(고유저항이 작을 것)

(2) 기계적 강도가 클 것

(3) 가요성이 풍부할 것

(4) 비중이 작을 것(중량이 가벼울 것)

(5) 가격이 싸고 대량 생산이 가능할 것

2) 전선의 구조에 따른 종류

(1) 단선 : 전선의 구성이 1개의 도체만으로 이루어진 전선
- 전선의 규격 : 단면적[mm²]으로 표기
- 전선의 종류 : 1.5, 2.5, 4, 6, 10[mm²]

(2) 연선 : 전선의 구성이 여러 개의 단선을 꼬아 만든 전선
- 전선의 규격 : 공칭 단면적[mm²]으로 표기
- 전선의 종류 : 1.5, 2.5, 4, 6, 10[mm²]

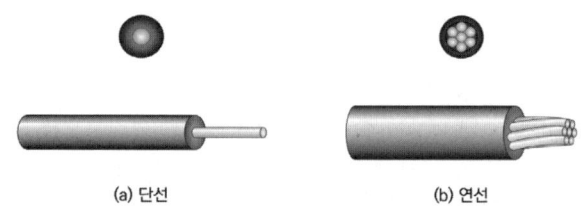

(a) 단선   (b) 연선

예제 1

다음 중 전선의 구비 조건이 아닌 것은?
① 가요성이 풍부하고 가격이 쌀 것
② 도전성이 양호하여 허용전류 값이 가능한 한 클 것
③ 전선의 비중이 클 것
④ 내부식성이 양호하여 오래 사용하여도 재질 변화가 적을 것

【해설】
가공 전선로용 전선은 가능한 한 비중(무게)이 적어야 전선 지지물(철탑)에 가설하기가 용이하다.

[답] ③

3) 전선의 재료에 따른 종류

(1) 연동선(옥내용)
- % 도전율 : 100[%], 인장 강도 : 20~25[kg/mm²]

(2) 경동선(옥외용)
- % 도전율 : 97[%], 인장 강도 : 35~48[kg/mm²]

(3) 알루미늄선(옥내용)
- % 도전율 : 61[%], 인장 강도 : 15~20[kg/mm²]

(4) 강심 알루미늄 연선(ACSR : Aluminium Conductor Steel Reinforced)
① 중심선은 강선(Steel)으로 보강하고, 그 주위에 알루미늄(Al) 연선으로 도체를 사용한 전선
② 전선의 중량은 가볍고, 외경은 크게 만들 수 있어 송전선로용 전선으로 가장 많이 사용

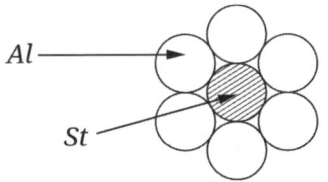

⟨ ACSR 전선의 구조 ⟩

4) 전선의 굵기 선정

(1) 전선의 굵기 결정 시 고려사항
허용전류, 전압강하, 기계적 강도

(2) 송전선의 굵기 결정 시 고려사항
허용전류, 전압강하, 기계적 강도, 전력 손실(코로나 손실), 경제성

(3) 캘빈의 법칙(가장 경제적인 전선의 굵기 선정 시 적용)
"전선 구입비에 대한 1년간의 이자 및 감가상각비와 1년간의 전력손실량에 대한 환산 전기요금"이 같아질 때가 가장 경제적인 전선의 굵기가 된다는 것

> **예제 2**
>
> ACSR은 동일 길이에서 동일한 전기 저항을 갖는 경동 연선에 비하여 어떠한가?
> ① 바깥지름은 크고 중량은 크다. ② 바깥지름은 크고 중량은 작다.
> ③ 바깥지름은 작고 중량은 크다. ④ 바깥지름은 작고 중량은 작다.
>
> 【해설】
> ACSR 전선은 도체를 알루미늄 재료를 사용한 전선으로서 일반 경동 연선에 비하여 중량이 가벼우면서도 바깥지름을 크게 한 전선이다.
>
> [답] ②

02 전선 지지물(철탑)

1) 철탑의 형태에 따른 종류

(1) 사각 철탑
 서로 마주 보는 4면이 동일한 모양과 강도를 가진 철탑

(2) 방형 철탑
 서로 마주 보는 2면이 동일한 모양과 강도를 가진 철탑

(3) 문형(갠트리 철탑)
 문(門) 모양을 한 형태의 철탑(전차 선로나 도로, 하천 횡단 시 사용하는 철탑)

(4) 우두형 철탑
 철탑의 중심부를 좁게 하고, 그 위 부분을 넓게 한 형태의 철탑
 (초고압 송전선로나 산악지대에서 1회선용으로 사용)

(5) 회전형 철탑
 철탑의 중간부 이상과 이하를 45° 회전시킨 철탑

(6) MC 철탑(Motor Columbus)
 철탑을 구성하는 부재에 형강을 사용하는 대신에 콘크리트를 채운 강관을 사용해서 조립한 철탑

(a) 4각 철탑

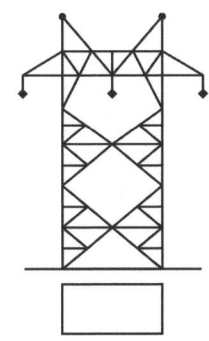
(b) 방형 철탑

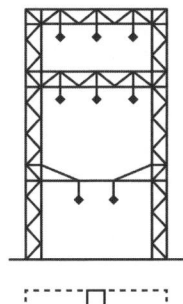
(c) 문형 철탑

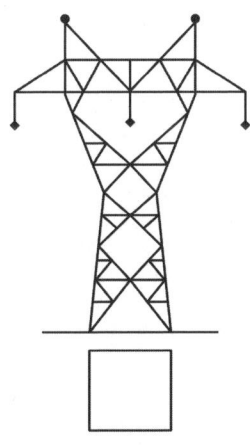
(d) 우두형 철탑

(e) 회전형 철탑

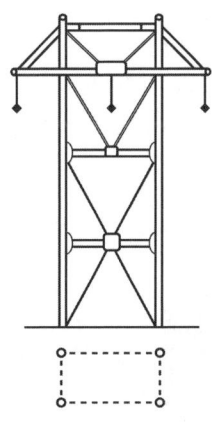
(f) MC 철탑

2) 철탑의 용도에 따른 종류

(1) 직선 철탑(A형)

수평각도 3° 이하인 직선 선로에 채용되는 철탑

(2) 각도 철탑(B형, C형)

수평각도 3°를 초과하는 부분에 채용되는 철탑
(B형 : 수평각도 3~20°, C형 : 수평각도 20° 초과)

(3) 인류 철탑(D형)

전선로가 끝나는 부분에 채용되는 철탑

(4) 내장 철탑(E형)

장경간이나 A형 철탑 10기마다 1기씩 보강용으로 채용되는 철탑
(∴ 장경간 = 표준 경간 + 250[m])

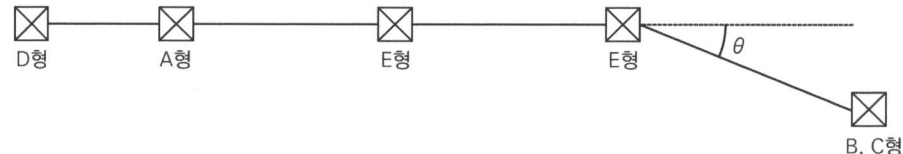

예제 3

송전선로에 있어서 장 경간(long span)이라고 하는 것은 표준 경간에 몇 [m]를 더한 경간을 넘는 것을 말하는가?

① 100　　　② 150　　　③ 200　　　④ 250

【해설】
철탑의 경간은 보통 300[m] 정도를 표준 경간으로 정하며, 특히 장 경간은 표준 경간에 250[m]를 가산한 경간을 말한다.

[답] ④

---

03 애자(Insulator)

1) 애자의 역할

(1) 전선과 철탑 간의 **절연체** 역할을 한다.

(2) 전선을 지지물에 고정시키는 **지지체** 역할을 한다.

2) 애자의 구비조건

(1) 충분한 절연 내력을 가질 것
(2) 충분한 기계적 강도를 가질 것
(3) 누설전류가 적을 것
(4) 온도 변화에 잘 견디고 습기를 흡수하지 말 것
(5) 가격이 싸고 다루기 쉬울 것

3) 애자의 종류

(1) 핀 애자

직선 전선로를 지지하기 위한 곳에 사용

(2) 현수 애자

철탑에서 **여러 개의 애자를 연결하여 내려트려서 사용하는 애자**
(송전선로용 애자로서 주로 사용)

- 사용 전압별 현수 애자 개수 (250[mm] 표준)

전압 [kV]	22.9	66	154	345	765
애자 개수	2	4	10	20	40

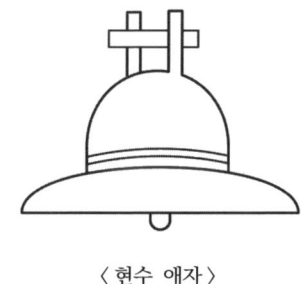

〈 현수 애자 〉

(3) 장간 애자

장 경간이나 해안 지대에서 염진해 대책으로 개발된 애자

(4) 내무 애자

해안, 공장 지대에서 염분이나 먼지, 매연 대책용 애자

예제 4

우리나라에서 가장 많이 사용하는 현수 애자의 표준은 몇 [mm]인가?
① 160   ② 250   ③ 280   ④ 320

【해설】
현수 애자의 규격은 250[mm], 280[mm], 320[mm]가 있으며,
표준형 현수 애자는 250[mm]로 정하고 있다.

[답] ②

4) 현수 애자의 섬락전압(250[mm] 표준)

(1) 건조 섬락전압
애자 표면이 건조한 상태에서의 섬락전압 (80[kV])

(2) 주수 섬락전압
애자 표면이 젖은 상태에서의 섬락전압 (50[kV])

(3) 유중 섬락전압
애자가 절연유에 있는 상태에서의 섬락전압 (140[kV])

(4) 충격 섬락전압
애자에 충격파를 가한 상태에서의 섬락전압 (125[kV])

예제 5

애자의 전기적 특성에서 가장 높은 전압은?
① 건조 섬락전압　　　　　　② 주수 섬락전압
③ 충격 섬락전압　　　　　　④ 유중 파괴전압

【해설】
현수 애자의 섬락전압이 큰 순서
유중 섬락전압(파괴전압) > 충격 섬락전압 > 건조 섬락전압 > 주수 섬락전압

[답] ④

---

5) 애자련의 전압 분담과 련능률(련효율)

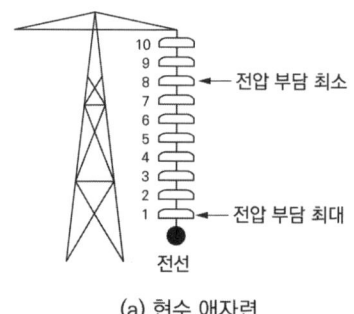

(a) 현수 애자련　　　　　　(b) 애자련의 전압 분포

애자의 련능률 계산식

$$\eta = \frac{V_n}{n \times V_1} \times 100[\%]$$

- V_n : 애자련의 섬락전압[kV]
- V_1 : 애자 1개의 섬락전압[kV]
- n : 애자 1련의 개수

예제 6

가공 송전선에 사용하는 애자련 중 전압 부담이 최대인 것은?
① 전선에 가장 가까운 것 ② 중앙에 있는 것
③ 철탑에 가까운 것 ④ 모두 같다.

【해설】
(1) 전압 부담이 가장 큰 애자 : 전선에서 가장 가까운 애자
(2) 전압 부담이 최소인 애자 : 전선에서 8번째 애자

[답] ①

6) 애자련의 보호(아킹링, 아킹혼)

(1) 뇌격으로 인한 섬락 사고 시 애자련 보호

(2) 애자련의 전압 분담을 균등시켜 애자의 련능률을 개선

(3) 전선의 이상 현상으로 인한 애자의 열적 파괴 방지

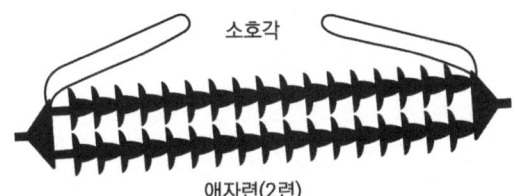

〈 애자련의 아킹링(소호각) 설치 모습 〉

예제 7

송전선로에서 소호환을 설치하는 이유는?
① 전력손실 감소
② 애자에 걸리는 전압 분포의 균일화
③ 송전전력 증대
④ 누설전류에 의한 편열 방지

【해설】
소호환(소호각)의 설치 목적 (효과)
(1) 뇌격으로 인한 섬락 사고 시 애자련의 보호
(2) 애자련의 전압 분담을 균등시켜 애자 련능률 개선
(3) 전선의 이상 현상으로 인한 열적 파괴 방지

[답] ②

04 송전 선로의 가설

1) 전선의 이도(Dip)

(1) 전선의 이도 및 전선의 실제 길이
① 이도 : 전선이 최고 높은 지점에서 밑으로 내려온 길이[m]
② 이도가 너무 작으면 전선의 장력이 너무 커져서 단선될 가능성이 커지고, 반대로 이도가 너무 크게 되면 전선의 흔들림이 심하고 전선 지지물의 높이가 이도에 비례해서 높아지게 된다.
③ 따라서, 송전 선로 가설 시 이도 값을 적정하게 선정하여 전선의 흔들림을 적절하게 조정하고, 전체적으로 철탑 지지물의 공사비 등을 종합 검토한다.

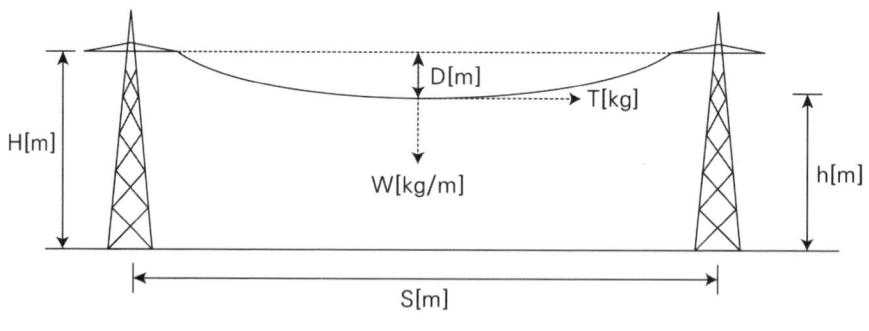

〈 송전선로의 이도에 의한 가설 방법 〉

- 전선의 이도 : $D = \dfrac{WS^2}{8T}$ [m]

- 전선의 실제 길이 : $L = S + \dfrac{8D^2}{3S}$ [m]

- 전선의 평균 높이 : $h = H - \dfrac{2}{3}D$ [m]

예제 8

경간 200[m]의 지지점이 수평인 가공 전선로가 있다. 전선 1[m]의 하중은 2[kg], 풍압 하중은 없는 것으로 하고, 전선의 인장 하중을 4,000[kg], 안전율을 2.2로 하면 이도[m]는?
① 4.7　　　② 5　　　③ 5.5　　　④ 6

【해설】

$D = \dfrac{WS^2}{8T}k = \dfrac{2 \times 200^2}{8 \times 4,000} \times 2.2 = 5.5$ [m]　　　(단, k : 안전율)

[답] ③

2) 전선의 하중

(1) 빙설 하중 (W_i : 수직 하중 - 저온계에서만 적용)

전선 주위에 두께 6[mm], 비중 0.9[g/cm²]의 빙설이 균일하게 부착된 상태에서의 하중

(2) 풍압 하중 (W_w : 수평 하중)

철탑 설계 시 최우선적으로 고려할 사항

① 고온계(빙설이 적은 곳) : $W_w = Pkd \times 10^{-3}$ [kg/m]

② 저온계(빙설이 많은 곳) : $W_w = Pk(d+12) \times 10^{-3}$ [kg/m]

(3) 합성 하중 (W : 총 하중)

- 고온계($W_i = 0$)

  합성 하중 : $W = \sqrt{W_c^2 + W_w^2}$

- 저온계(W_i : 고려한다.)

  합성 하중 : $W = \sqrt{(W_c + W_i)^2 + W_w^2}$

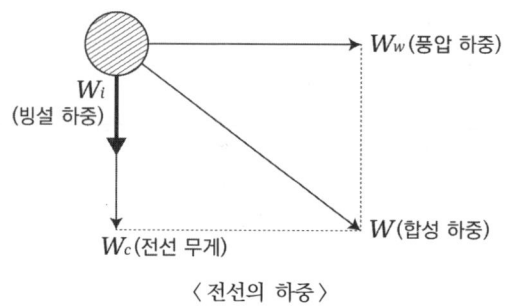

〈 전선의 하중 〉

> **예제 9**
>
> 보통 송전선로용 표준 철탑 설계의 경우 가장 큰 하중은?
> ① 풍압　　② 애자, 전선의 중량　　③ 빙설　　④ 전선의 인장강도
>
> 【해설】
> 풍압에 대해서는 어느 정도 수평 하중을 두고 설계하지만 철탑의 구조상 취약할 수밖에 없는 종류의 하중이다.
>
> [답] ①

3) 전선의 보호

(1) 전선의 진동 방지 장치
　① 스톡브리지 댐퍼 : 전선의 좌·우 진동 방지
　② 토오셔널 댐퍼 : 전선의 상·하 진동 방지
　③ 스페이서 댐퍼 : 스페이서와 댐퍼의 역할을 동시에 수행
　④ 아머로드 : 전선 지지점 부근에 첨선하여 전선의 단선사고 방지

(a) 스톡브리지 댐퍼　　　　　　　(b) 스페이서 댐퍼

> **예제 10**
>
> 가공 전선로의 전선 진동을 방지하기 위한 방법이 아닌 것은?
> ① 토셔널 댐퍼 설치
> ② 경동선을 ACSR로 교환
> ③ 스프링 피스톤 댐퍼와 같은 진동 제지권을 설치
> ④ 클램프를 가벼운 것으로 바꾸고, 클램프 부근에 적당한 전선을 첨가
>
> 【해설】
> 경동선을 ACSR 전선으로 교체하게 되면 전선의 무게가 더욱 가벼워져서 전선의 진동이 더욱 심해진다.
>
> [답] ②

(2) 전선의 도약에 의한 상간 단락 방지
   ① 겨울철 전선에 부착되어 있던 빙설이 갑자기 탈락하면, 그 반동력으로 전선은 위로 튀어 올라 상간 단락 사고 발생
   ② 철탑의 오프셋(off-set) : 전선의 도약으로부터 전선을 보호하기 위해 철탑의 암의 길이를 틀리게 하는 것

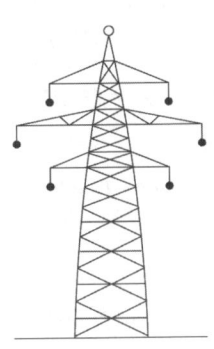

(a) 철탑의 구조

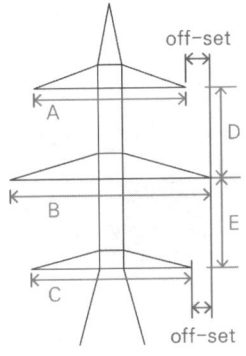

(b) 철탑의 오프셋

예제 11

3상 수직 배치인 선로에서 오프셋을 주는 이유는?
① 전선의 진동 억제
② 단락 방지
③ 철탑 중량 감소
④ 전선의 풍압 감소

【해설】
전선에 부착되어 있던 빙설이 갑자기 탈락하면, 그 반동력으로 전선은 위로 튀어 올라 상간 단락 사고가 발생하게 되므로, 철탑의 암의 길이의 틀리게 하는 오프셋을 적당하게 주어야 한다.

[답] ②

4) 지중 케이블

(1) 지중 전선로를 건설하는 이유
① 도시의 미관을 중요시하는 경우
② 수용 밀도가 현저하게 높은 대도시 지역에 전력 공급하는 경우
③ 뇌, 풍수해에 의한 사고로부터 높은 공급 신뢰도가 요구되는 경우
④ 보안상 등의 이유로 가공 전선로를 건설할 수 없는 경우

(2) 케이블의 구조 및 케이블 손실

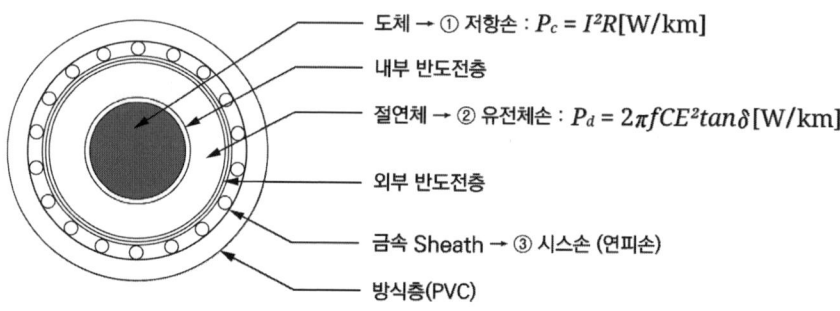

도체 → ① 저항손 : $P_c = I^2R$[W/km]
내부 반도전층
절연체 → ② 유전체손 : $P_d = 2\pi fCE^2 \tan\delta$[W/km]
외부 반도전층
금속 Sheath → ③ 시스손 (연피손)
방식층(PVC)

(3) 지중 케이블 고장점 측정 방법
① 머레이 루프법
② 펄스 레이다법
③ 수색 코일법
④ 정전용량 브리지법, 임피던스 브리지법

예제 12

케이블의 전력 손실과 관계가 없는 것은?
① 도체 저항손　　② 유전체손　　③ 연피손　　④ 철손

【해설】
케이블의 전력 손실
(1) 도체 저항손 (2) 유전체손 (3) 연피(시스)손

[답] ④

Chapter 01. 송전선로
적중실전문제

1. 해안 지방의 송전용 나선에 가장 적당한 것은?
   ① 동선
   ② 강선
   ③ 알루미늄 합금선
   ④ 강심 알루미늄 연선

   해설 1

   동선 : 해안지역과 같이 염분에 의한 부식이 우려되는 곳에 적당한 전선

   [답] ①

2. 전선에서 전류 밀도가 도선의 중심으로 갈수록 작아지는 현상은?
   ① 페란티 효과
   ② 표피 효과
   ③ 근접 효과
   ④ 접지 효과

   해설 2

   표피 효과 : 전선에 교류를 흘렸을 때 전선 표면일수록 전류밀도가 높아지는 현상

   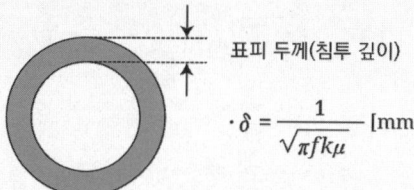

   - $\delta = \dfrac{1}{\sqrt{\pi f k \mu}}$ [mm]

   [답] ②

3. 송전선로에서 사용되는 애자의 특성이 나빠지는 원인으로 볼 수 없는 것은?
   ① 애자 각 부분의 열팽창의 상이
   ② 전선 상호간의 유도 장해
   ③ 누설 전류에 의한 편열
   ④ 시멘트의 화학 팽창 및 동결 팽창

> **해설 3**
>
> 애자의 구성 재료는, 자기(애자의 몸체를 이루는 절연체 역할) + 철(애자를 연결시키기 위한 연결금구) + 시멘트(자기와 철을 접착시키는 역할)을 이루고 있어서 애자가 열화되는 원인으로서는,
> (1) 애자 각 부분의 열팽창 상이
> (2) 누설전류 및 뇌 방전에 의한 애자의 균열
> (3) 시멘트의 화학 팽창 및 동결 팽창
>
> [답] ②

4. 핀애자는 보통 몇 [kV] 이하의 선로에서 사용되는가?
   ① 30   ② 60   ③ 154   ④ 345

> **해설 4**
>
> 핀애자는 애자 1개 자체가 모든 전압이 인가되므로 보통 30[kV] 이하의 계통에만 사용된다.
>
> [답] ①

5. 345[kV] 초고압 송전선로에 사용되는 현수애자는 1련의 현수인 경우 대략 몇 개 정도 사용되는가?

① 6~8 ② 12~14 ③ 18~20 ④ 28~30

해설 5

사용 전압별 현수애자의 적용 개수 (250[mm] 표준애자의 경우)
(1) 22.9[kV]=2개
(2) 66[kV]=4개
(3) 154[kV]=10개 내외
(4) 345[kV]=20개 내외
(5) 765[kV]=40개 내외

[답] ③

6. 현수애자의 연 효율 η 는? (단, V_1은 현수애자 1개의 섬락전압, n은 1련의 사용 애자 수이고, V_n은 애자련의 섬락전압이다.)

① $\eta = \dfrac{V_n}{nV_1} \times 100[\%]$
② $\eta = \dfrac{nV_1}{V_n} \times 100[\%]$
③ $\eta = \dfrac{nV_n}{V_1} \times 100[\%]$
④ $\eta = \dfrac{V_1}{nV_n} \times 100[\%]$

해설 6

현수애자의 연 효율 : $\eta = \dfrac{V_n}{nV_1} \times 100[\%]$

단, V_n : 애자련의 섬락전압[kV]
V_1 : 애자 1개의 섬락전압[kV]
n : 애자 1련의 개수

[답] ①

7. 154[kV] 송전선로에 10개의 현수애자가 연결되어 있다. 전압 부담이 가장 적은 것은?
① 철탑에서 가장 가까운 것   ② 철탑에서 3번째
③ 전선에서 가장 가까운 것   ④ 전선에서 3번째 것

> **해설 7**
> 154[kV] 계통에서 현수애자 10개 사용 시 각 애자의 전압 분담
> (1) 전압 분담이 가장 큰 애자 : 전선에서 가장 가까운 1번 애자
> (2) 전압 분담이 가장 작은 애자 : 전선에서 8번째 애자 (철탑에서 3번째 애자)
>
> [답] ②

8. 그림과 같이 지선을 가설하여 전주에 가해진 수평장력 800[kg]을 지지하고자 한다. 지선으로써 4[mm] 철선을 사용한다고 하면 몇 가닥을 사용하여야 하는가?
(단, 4[mm] 철선 1가닥의 인장하중은 440[kg]으로 하고 안전율은 2.5이다.)

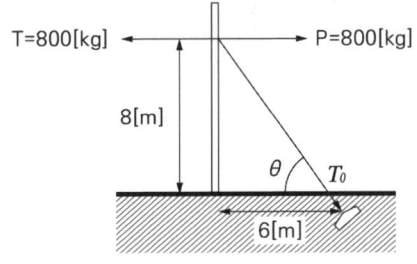

① 7   ② 8   ③ 9   ④ 10

> **해설 8**
> - $T_0 \cos\theta = 800 \Rightarrow T_0 \times \dfrac{6}{\sqrt{6^2+8^2}} = 800 \Rightarrow T_0 = \dfrac{10}{6} \times 800 = 1,333[kg]$
> - $n = \dfrac{1,333}{440} \times 2.5 = 7.6 \Rightarrow \therefore 8\,[가닥]$
>
> [답] ②

9. 풍압이 $P[\text{kg/m}^2]$이고, 빙설이 많지 않은 지방에서 직경 $d[\text{mm}]$인 전선 1[m]가 받는 풍압[kg/m²]은 표면계수를 k라고 할 때 얼마가 되겠는가?

① $\dfrac{Pk(d+12)}{1,000}$　　　　② $\dfrac{Pk(d+6)}{1,000}$

③ $\dfrac{Pkd}{1,000}$　　　　　　④ $\dfrac{Pkd^2}{1,000}$

해설 9

풍압 계산 식

(1) 고온계 (빙설 두께 고려하지 않음) : $W = P \times k \times d \times 10^{-3} = \dfrac{Pkd}{1,000}$ [kg/m]

(2) 저온계 (빙설 두께 고려) : $W = P \times k \times (d+12) \times 10^{-3} = \dfrac{Pk(d+12)}{1,000}$ [kg/m]

[답] ③

10. 전선에 가해지는 하중으로 전선의 자중을 W_c, 풍압하중을 W_w, 빙설하중을 W_i라 할 때 고온계 하중 시의 전선 부하계수는?

① $\dfrac{\sqrt{W_c^2 + W_w^2}}{W_c}$　　　　② $\dfrac{W_c}{\sqrt{W_c^2 + W_w^2}}$

③ $\dfrac{\sqrt{W_c^2 + W_w^2}}{W_i}$　　　　④ $\dfrac{W_i}{\sqrt{W_c^2 + W_w^2}}$

해설 10

합성 하중 및 전선 부하계수 관계 식
(1) 합성 하중
　❶ 고온계 : $W = \sqrt{W_c^2 + W_w^2}$　　❷ 저온계 : $W = \sqrt{(W_c + W_i)^2 + W_w^2}$

(2) 전선 부하계수
　❶ 고온계 : $k = \dfrac{\sqrt{W_c^2 + W_w^2}}{W_c}$　　❷ 저온계 : $k = \dfrac{\sqrt{(W_c + W_i)^2 + W_w^2}}{W_c}$

[답] ①

11. 가공 전선로에서 전선의 단위 길이당 중량과 경간이 일정할 때 이도는 어떻게 되는가?
① 전선의 장력에 비례한다.
② 전선의 장력에 반비례한다.
③ 전선의 장력의 제곱에 비례한다.
④ 전선의 장력의 제곱에 반비례한다.

해설 11

이도 $D = \dfrac{WS^2}{8T}$ 에서 이도(D)와 전선 장력(T)와는 반비례한다.

[답] ②

12. 고저차가 없는 가공 전선로에서 이도 및 전선 중량을 일정하게 하고 경간을 2배로 했을 때 수평장력은 몇 배가 되는가?
① 2배 ② 4배 ③ 6배 ④ 8배

해설 12

이도 $D = \dfrac{WS^2}{8T}$ 에서 전선의 수평 장력은 $T = \dfrac{WS^2}{8D}$ 이므로, 경간(S)을 2배로 하면 T는 4배가 된다.

[답] ②

13. 이도가 D이고, 경간이 S인 가공선로에서 지지물의 고저차가 없을 때 $\dfrac{8D^2}{3S}$은 경간에 비하여 몇 [%]인가?
① 0.1 ② 0.5 ③ 1.0 ④ 1.5

해설 13

전선의 실제 길이 $L = S + \dfrac{8D^2}{3S}$ 에서 전선의 실제 길이(L)는 경간(S)보다 실용상 약 0.1[%]의 비율밖에 지나지 않는다.

[답] ①

14. 가공 송전선로를 가선할 때에는 하중 조건과 온도 조건을 고려하여 적당한 이도를 주도록 하여야 한다. 다음 중 이도에 대한 설명으로 옳은 것은?

① 이도가 작으면 전선이 좌우로 크게 흔들려서 다른 상의 전선에 접촉하여 위험하게 된다.
② 전선을 가선할 때 전선을 팽팽하게 가선하는 것을 이도를 크게 준다고 한다.
③ 이도를 작게 하면 이에 비례하여 전선의 장력이 증가되며, 너무 작으면 전선 상호 간에 꼬임 현상이 발생한다.
④ 이도의 대소는 지지물의 높이를 좌우한다.

해설 14

이도의 성질 (이도가 크면),
❶ 전선 지지물(철탑)의 높이가 높아진다.
❷ 전선에 걸리는 장력이 작아져서 전선이 끊어질 염려가 적다.
❸ 전선의 흔들림이 심해지므로, 다른 상의 전선과 접촉할 우려가 커진다.

[답] ④

15. 공칭 단면적 200[mm²], 전선 무게 1.838[kg/m], 전선의 바깥지름 18.5[mm]인 경동 연선을 경간 200[m]로 가설하는 경우 이도[m]는? (단, 경동 연선의 인장 하중은 7,910[kg], 빙설 하중은 0.416[kg/m], 풍압 하중은 1.525[kg/m]이고, 안전율은 2.2라 한다.)

① 3.28   ② 3.78   ③ 4.28   ④ 4.78

해설 15

(1) 합성 하중 : $W = \sqrt{(W_c + W_i)^2 + W_w^2} = \sqrt{(1.838 + 0.416)^2 + 1.525^2} = 2.72 [kg/m]$

(2) 이도 : $D = \dfrac{WS^2}{8T} K = \dfrac{2.72 \times 200^2}{8 \times 7,910} \times 2.2 = 3.78 [m]$

[답] ②

16. 단면적 330[mm²]의 강심 알루미늄 전선을 경간이 300[m]이고, 지지점의 높이가 같은 철탑 사이에 가설하였다. 전선의 이도가 7.4[m]이면 전선의 실제 길이는 몇 [m]인가? (단, 풍압, 온도 등의 영향은 무시한다.)

① 300.282　　② 300.487　　③ 300.685　　④ 300.875

해설 16

- $L = S + \dfrac{8D^2}{3S} = 300 + \dfrac{8 \times 7.4^2}{3 \times 300} = 300.487[\text{m}]$

[답] ②

17. 경간이 200[m]인 가공선로가 있다. 사용 전선의 길이[m]는 경간보다 얼마나 크면 되는가? (단, 전선의 1[m]당 하중은 2.0[kg], 인장 하중은 4,000[kg]이며, 풍압 하중은 무시하고, 전선의 안전율은 2라 한다.)

① $\dfrac{1}{3}$　　② $\dfrac{1}{2}$　　③ $\sqrt{2}$　　④ $\sqrt{3}$

해설 17

(1) $D = \dfrac{WS^2}{8T}K = \dfrac{2 \times 200^2}{8 \times 4,000} \times 2 = 5[\text{m}]$

(2) $L = S + \dfrac{8D^2}{3S} = 200 + \dfrac{8 \times 5^2}{3 \times 200} = 200 + \dfrac{1}{3}[\text{m}]$

[답] ①

18. 주파수 f, 전압 E일 때 유전체 손실은 다음 어느 것에 비례하는가?

① $\dfrac{E}{f}$　　② fE　　③ $\dfrac{f}{E^2}$　　④ fE^2

해설 18

케이블의 유전체손 : $P_d = 2\pi fCE^2 \tan\delta$ 에서, 유전체손은 주파수 비례하고, 전압과는 제곱의 비례 관계가 있다.

[답] ④

19. 케이블의 연피손의 원인은?
① 표피 작용　　　　② 히스테리시스 현상
③ 전자 유도 작용　　④ 유전체 손

해설 19
케이블의 연피손(시스손)은 케이블 도체에 전류가 흘렀을 때 발생하는 자속에 의한 시스 층에 유기되는 전자 유도 전압에 의해 발생한다.

[답] ③

20. 지중 케이블에 있어서 고장점을 찾는 방법이 아닌 것은?
① 머리루프 시험기에 의한 방법　　② 메거에 의한 방법
③ 수색 코일에 의한 방법　　　　　④ 펄스에 의한 측정법

해설 20
지중 케이블 고장점 측정법
(1) 머레이 루프법　(2) 수색 코일법　(3) 펄스 레이다법　(4) 정전용량 브리지법

[답] ②

21. 250[mm] 현수애자 10개를 직렬로 접속한 애자련의 건조 섬락 전압이 590[kV]이고, 연효율이 0.74이다. 현수애자 한 개의 건조 섬락 전압은 약 몇 [kV]인가?
① 80　　② 90　　③ 100　　④ 120

해설 21
애자의 연 효율 : $\eta = \dfrac{V_n}{n V_1}$ 에서, $V_1 = \dfrac{V_n}{n \times \eta} = \dfrac{590}{10 \times 0.74} = 80[kV]$

[답] ①

★★★

22. 송전선에 낙뢰가 가해져서 애자에 섬락이 생기면 아크가 생겨 애자가 손상되는 경우가 있다. 이것을 방지하기 위하여 사용되는 것은?
① 댐퍼
② 아머로드(armour rod)
③ 가공지선
④ 아킹혼(arcing horn)

해설 22

아킹혼(링) : 낙뢰로부터 애자의 손상을 방지하기 위하여 설치

[답] ④

★★

23. 옥내배선의 전선의 굵기를 결정할 때 고려되는 사항이 아닌 것은?
① 절연 저항
② 전압 강하
③ 허용 전류
④ 기계적 강도

해설 23

전선 굵기 결정 3요소
(1) 허용 전류   (2) 전압 강하   (3) 기계적 강도

[답] ①

★★★

24. 다음 중 켈빈(Kelvin)의 법칙이 적용되는 경우는?
① 전력손실량을 축소시키고자 하는 경우
② 전압강하를 감소시키고자 하는 경우
③ 부하 배분의 균형을 얻고자 하는 경우
④ 경제적인 전선의 굵기를 선정하고자 하는 경우

해설 24

켈빈(Kelvin)의 법칙 : 경제적인 전선의 굵기를 선정하고자 하는 경우 "전선 구입비에 대한 1년간의 이자 및 감가상각비와 1년간의 전력손실량에 대한 환산 전기요금"이 같아질 때가 가장 경제적인 전선의 굵기가 된다는 것

[답] ④

MEMO

Chapter 02

선로정수 및 코로나

01. 선로정수

02. 코로나(Corona)

- 적중실전문제

Chapter 02 선로정수 및 코로나

01 선로정수

선로정수는 송배전선로의 전기적 특성을 해석하는 데 필요하다.

1) 선로정수의 의미

선로정수란, 전선로에 존재하는 저항 R, 인덕턴스 L, 정전용량 C, 누설 콘덕턴스 G의 정수를 말하며, 이를 선로의 4정수라 한다.

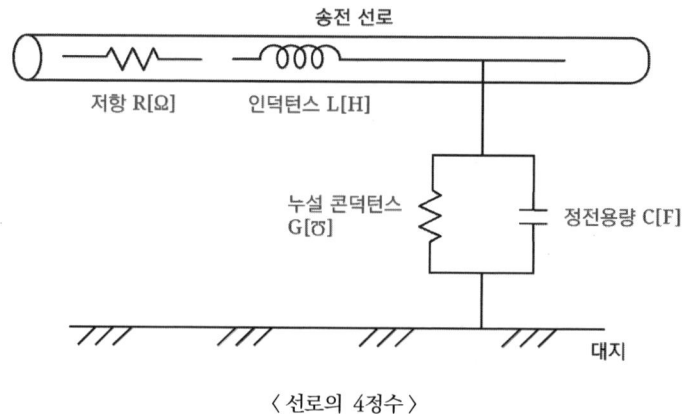

〈 선로의 4정수 〉

2) 선로 정수값의 산출

(1) 저항 $R[\Omega]$

① 일반적인 전기회로의 저항값 : $R = \rho \dfrac{l}{S} [\Omega]$

② 실제 전선에서의 저항값 : $R = \dfrac{1}{58} \times \dfrac{100}{\%C} \times \dfrac{l}{S} [\Omega]$

단, $\%C$는 전선의 %도전율로서,

- 연동선 : 100[%] (기준)
- 경동선 : 97[%]
- 알루미늄선(ACSR 전선) : 61[%]

예제 1

송전선로의 선로정수가 아닌 것은 다음 중 어느 것인가?
① 저항   ② 리액턴스   ③ 정전용량   ④ 누설 콘덕턴스

【해설】
(1) 선로의 4정수 : 저항(R), 인덕턴스(L), 정전용량(C), 누설 콘덕턴스(G)
(2) 리액턴스(X) : $X = 2\pi f L [\Omega]$ 으로서, 인덕턴스를 오옴 단위로 환산한 것으로서 선로 정수는 아니다.

[답] ②

(2) 인덕턴스 $L[\mathrm{H}]$

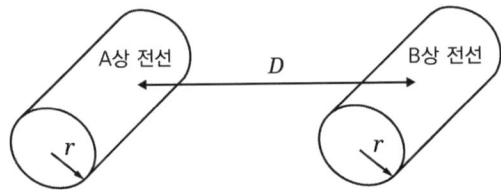

r : 전선의 반지름[m]
D : 전선 간의 이격거리[m]

- $L = 0.05 + 0.4605 \log_{10} \dfrac{D}{r} [\mathrm{mH/km}]$

- 전선로의 인덕턴스는 전선 간의 이격거리가 증가하면 커지고, 전선의 굵기가 굵어지면 작아진다.

(3) 정전용량 $C[\mathrm{F}]$

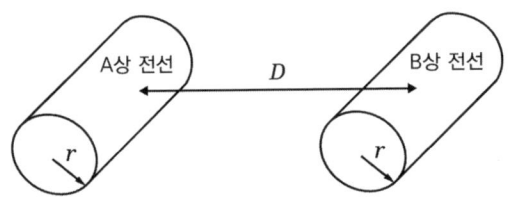

r : 전선의 반지름[m]
D : 전선 간의 이격거리[m]

- $C = \dfrac{0.02413}{\log_{10} \dfrac{D}{r}} [\mu \mathrm{F/km}]$

- 전선로의 정전용량은 전선 간의 이격거리가 증가하면 작아지고, 전선의 굵기가 굵어지면 커진다.

예제 2

송전선로의 정전용량은 등가 선간 거리 D가 증가하면 어떻게 되는가?
① 증가한다. ② 감소한다.
③ 변하지 않는다. ④ D^2에 반비례하여 감소한다.

【해설】

정전용량 $C = \dfrac{0.02413}{\log_{10}\dfrac{D}{r}}$ 에서, $C \propto \dfrac{1}{\log_{10}\dfrac{D}{r}}$ 의 관계에 의해 선간 거리(D)가 증가하면 정전용량 값은 감소하게 된다.

또한, 인덕턴스는 $L = 0.05 + 0.4605\log_{10}\dfrac{D}{r}$ 에서, $L \propto \log_{10}\dfrac{D}{r}$ 의 관계에 의하여 선간 거리(D)가 증가하면 인덕턴스 값은 증가하게 된다.

[답] ②

(4) 등가 선간 거리

실제 전선과 전선 간의 이격거리는 서로 각기 틀리므로 정삼각형 배열로 등가 변환하여 선간 거리를 동일하게 환산한 거리를 등가 선간 거리라 한다.

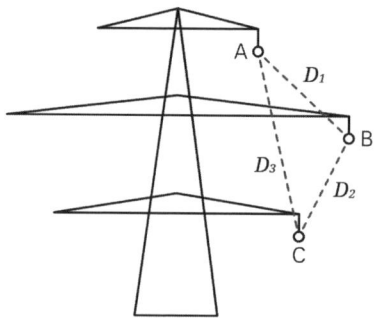

(a) 실제 전선로의 배열 상태

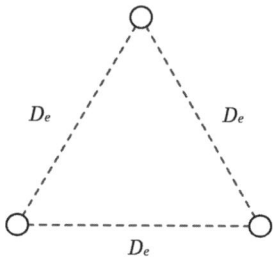

(b) 대칭 등가 전선 삼각형 배열

- $D_e = \sqrt[3]{D_1 \times D_2 \times D_3}$

예제 3

전선 a, b, c가 일직선으로 배치되어 있다. a와 b, b와 c 사이의 거리가 각각 5[m]일 때, 이 선로의 등가 선간 거리는 몇 [m]인가?

① $5\sqrt[3]{2}$ ② $5\sqrt{2}$
③ 5 ④ $\sqrt{5}$

【해설】
등가 선간 거리 산출 식에 의하여, $D_e = \sqrt[3]{D_1 \times D_2 \times D_3} = \sqrt[3]{5 \times 5 \times (2 \times 5)} = 5\sqrt[3]{2}$ [m]

[답] ①

(5) 복도체(다도체)
① 송전 선로에서는 상당히 굵은 전선이 필요하게 되는데 단도체로서 전선의 굵기를 굵게 한다는 것은 한계가 있으므로 단도체를 2가닥 이상으로 분할하여 만든 전선을 복도체 또는 다도체라 하며, 주로 코로나 방지용으로 많이 쓰인다.

(a) 복도체   (b) 4도체

② 복도체(다도체)의 등가 전선 굵기는 다음 식에 의해서 구한다.

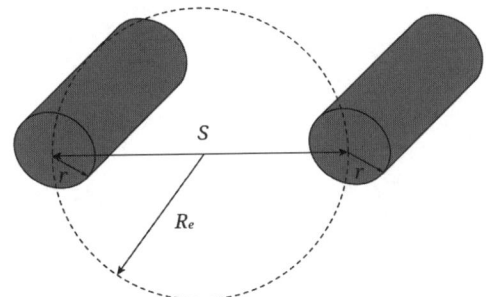

r : 소도체의 반지름[m]
S : 소도체 간의 간격[m]
R_e : 등가 전선 굵기[m]

- $R_e = \sqrt[n]{rS^{n-1}}$

③ 또한, 인덕턴스와 정전용량 산출 식은 다음과 같이 변경된다.

- $L = \dfrac{0.05}{n} + 0.4605 \log_{10} \dfrac{D}{\sqrt[n]{rS^{n-1}}}$ [mH/km]

- $C = \dfrac{0.02413}{\log_{10} \dfrac{D}{\sqrt[n]{rS^{n-1}}}}$ [μF/km]

예제 4

345[kV]용에서 사용하는 복도체는 같은 단면적의 단도체에 비하여 어떠한가?
① 인덕턴스는 증가하고, 정전용량은 감소한다.
② 인덕턴스는 감소하고, 정전용량은 증가한다.
③ 인덕턴스, 정전용량이 모두 감소한다.
④ 인덕턴스, 정전용량이 모두 증가한다.

【해설】

단도체에 비하여 복도체(다도체)는,

인덕턴스는 $L = \dfrac{0.05}{n} + 0.4605 \log_{10} \dfrac{D}{\sqrt[n]{rS^{n-1}}}$ 의 식에 의하여 감소하고,

정전용량은 $C = \dfrac{0.02413}{\log_{10} \dfrac{D}{\sqrt[n]{rS^{n-1}}}}$ 의 식에 의하여 증가하게 된다.

[답] ②

3) 충전 용량

(1) 작용 정전용량 $C[\text{F}]$

전선과 전선 간, 전선과 대지 간에 존재하는 모든 정전용량을 말한다.

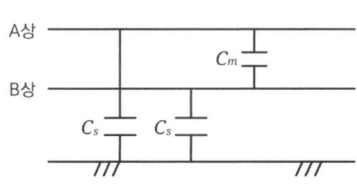

(a) 단상 2선식   (b) 3상 3선식

- 단상 2선식 : $C = C_s + 2C_m \, [\text{F}]$
- 3상 3선식 : $C = C_s + 3C_m \, [\text{F}]$

C_s : 대지정전용량[F]
C_m : 상호정전용량[F]

(2) 충전 전류($I_c[\text{A}]$) 및 충전 용량($Q_c[\text{VA}]$)

전선에 존재하는 작용 정전용량에 다음 식과 같은 충전 전류가 흐르고, 이에 따라 선로에 충전 전력(용량)이 발생하게 된다.

- 1선당 충전 전류 : $I_c = \dfrac{E}{X} = \dfrac{E}{\dfrac{1}{\omega C}} = \omega C E \, [\text{A}]$

- 3선당 충전 용량 : $Q_c = 3EI_c = 3\omega C E^2 \, [\text{VA}]$

단, E : 상전압[V]

예제 5

송배전선로의 작용 정전용량은 무엇을 계산하는 데 사용되는가?
① 비접지 계통의 지락고장 전류　② 정상 운전 시 선로의 충전전류
③ 선간 단락 고장 시 고장전류　④ 통신선로의 정전 유도전압

【해설】
작용 정전용량을 산출하는 목적은 작용 정전용량에 의한 진상전류가 선로에 얼마나 흐르는지, 또한 선로에 얼마만큼의 충전 용량이 발생하는지를 계산하기 위함이다.

[답] ②

02 코로나(Corona)

1) 코로나의 정의
송전 선로의 공기가 부분적으로 절연 파괴되어서 낮은 소리와 푸른빛을 내면서 방전하게 되는 이상 현상이다.

2) 파열 극한 전위 경도(E[kV/cm])
공기의 간격이 1[cm]에서 절연이 파괴되기 시작하는 전압을 말한다.

(1) 직류 : $30[\text{kV/cm}]$

(2) 교류 : $\dfrac{30}{\sqrt{2}} \fallingdotseq 21[\text{kV/cm}]$ (실효값)

3) 코로나 임계 전압(E_0)
코로나 방전이 시작되는 코로나 임계 전압 산출 식은 다음과 같다.

- $E_0 = 24.3 m_0 m_1 \delta d \log_{10} \dfrac{D}{r}$ [kV]

    단, m_0 : 전선의 표면계수 (매끈한 전선=1, 거친 전선=0.8)

    m_1 : 날씨 계수 (맑은날=1, 비·눈·안개 등 악천우=0.8)

    δ : 상대 공기밀도 ($\delta = \dfrac{0.386 b}{273 + t}$)

4) 코로나에 의한 악영향

(1) 코로나 전력 손실 발생 $\left(P = \dfrac{241}{\delta}(f+25)\sqrt{\dfrac{d}{2D}}(E-E_0)^2 \times 10^{-5}[\text{kW/km}] \right)$

(2) 코로나 고조파 발생

(3) 전력선 주변 통신선로에 전파 장해 발생

(4) 소호 리액터 접지에서 소호 능력의 저하

(5) 전선 부식 (코로나 방전 시 오존이 발생하여 공기의 수분과 결합하여 초산 발생)

5) 코로나 방지 대책

 (1) 굵은 전선 사용, 복도체(다도체)를 사용한다.

 (2) 전선의 표면을 매끄럽게 유지한다.

 (3) 가선 금구를 매끄럽게 개량한다.

 (4) 전선의 선간 거리를 증대하는 방법은 로그함수의 성질에 의해 효과가 적다.
  (코로나 방지 대책에 관련된 문제에서 주의할 것!)

예제 6

송전선로에 코로나가 발생하면 전선이 부식된다. 무엇에 의하여 부식되는가?
① 수소   ② 질소   ③ 산소   ④ 오존

【해설】
코로나가 발생하면 오존(O_3)이 발생하는데, 이것이 공기 중의 수분(H_2O)과 결합하여 강한 산성으로 변하여 전선을 부식시켜 전선 수명을 단축시키게 된다.

[답] ④

Chapter 02. 선로정수 및 코로나
적중실전문제

1. 송전선로의 저항을 R, 리액턴스를 X라 하면 다음의 어느 식이 성립하는가?
 ① $R > X$ ② $R < X$ ③ $R = X$ ④ $R \leq X$

해설 1

송전선로에서 선로정수의 값을 비교해보면 $R < L$, $G < C$이므로 $R < X(= 2\pi f L)$의 관계가 있다.

[답] ②

2. 선로정수에 영향을 가장 많이 주는 것은?
 ① 전선의 배치   ② 송전전압   ③ 송전전류   ④ 역률

해설 2

선로정수 중 누설 콘덕턴스(G)와 정전용량(C)은 전선과 대지 간에 존재하는 정수로서 전선의 배열 상태, 즉 전선과 대지 간의 높이에 따라 좌우된다.

[답] ①

3. 3상 3선식에서 선간 거리가 각각 50[cm], 60[cm], 70[cm]인 경우 기하학적 평균 선간 거리는 몇 [cm]인가?
 ① 64.8   ② 60.4   ③ 62.8   ④ 59.4

해설 3

$$D_e = \sqrt[3]{D_1 \times D_2 \times D_3} = \sqrt[3]{50 \times 60 \times 70} = 59.4[\text{cm}]$$

[답] ④

4. 복도체에서 2본의 전선이 서로 충돌하는 것을 방지하기 위하여 2본의 전선 사이에 적당한 간격을 두어 설치하는 것은?

① 아머로드 ② 댐퍼 ③ 아킹혼 ④ 스페이서

> **해설 4**
>
> 스페이서는 복도체에서 소도체 간에 전자력에 의한 흡인력으로 인한 소도체끼리의 충동 현상을 방지하기 위하여 그림과 같이 소도체가 충돌하지 않도록 고정시키는 가선 금구를 말한다.
>
>
>
> [답] ④

5. 복도체에 있어서 소도체의 반지름을 r[m], 소도체 사이의 간격을 s[m]라고 할 때, 2개의 소도체를 사용한 복도체의 등가 반지름은?

① $\sqrt{rs}$ ② $\sqrt{r^2 s}$ ③ $\sqrt{rs^2}$ ④ rs

> **해설 5**
>
> 다도체의 등가 전선 반지름을 구하는 식 $\sqrt[n]{rs^{n-1}}$ 에서, 복도체는 소도체가 2개로 구성된 전선이므로 $n=2$ 이다. 따라서, 복도체의 등가 반지름은 $\sqrt[2]{rs^{2-1}} = \sqrt{rs}$ 로 된다.
>
> [답] ①

6. 3상 3선식 송전선로의 선간 거리가 D_1, D_2, D_3[m]이고, 전선의 지름이 d[m]로 연가된 경우라면 전선 1[km]당 인덕턴스는 몇 [mH]인가?

① $0.5 + 0.4605 \log_{10} \dfrac{\sqrt[3]{D_1 D_2 D_3}}{d}$

② $0.05 + 0.4605 \log_{10} \dfrac{2\sqrt[3]{D_1 D_2 D_3}}{d}$

③ $0.05 + 0.4605 \log_{10} \dfrac{d^3\sqrt{D_1 D_2 D_3}}{d}$

④ $0.5 + 0.4605 \log_{10} \dfrac{d}{\sqrt[3]{D_1 D_2 D_3}}$

해설 6

(1) 전선의 등가 선간 거리 : $D_e = \sqrt[3]{D_1 D_2 D_3}$, 전선의 반지름 : $r = \dfrac{d}{2}$

(2) 위 등가 선간 거리와 전선의 반지름을 인덕턴스 식에 대입하여 정리해보면,

$$L = 0.05 + 0.4605 \log_{10} \dfrac{D}{r} = 0.05 + 0.4605 \log_{10} \dfrac{\sqrt[3]{D_1 D_2 D_3}}{\dfrac{d}{2}}$$

$$= 0.05 + 0.4605 \log_{10} \dfrac{2\sqrt[3]{D_1 D_2 D_3}}{d} \text{[mH/km]}$$

[답] ②

7. 등가 선간 거리 9.37[m], 공칭 단면적 330[mm²], 도체 외경 25.3[mm], 복도체 ACSR인 3상 송전선의 인덕턴스는 몇 [mH/km]인가?
(단, 소도체 간격은 40[cm]이다.)

① 1.001 ② 0.010 ③ 0.100 ④ 1.100

해설 7

$$L = \dfrac{0.05}{n} + 0.4605 \log_{10} \dfrac{D}{\sqrt[n]{r s^{n-1}}} = \dfrac{0.05}{2} + 0.4605 \log_{10} \dfrac{9.37 \times 10^3}{\sqrt{\dfrac{25.3}{2} \times 400^{2-1}}}$$

$= 1.001 \text{[mH/km]}$

[답] ①

8. 3상 3선식 선로에 있어서 대지 정전용량이 C_s, 선간 정전용량이 C_m 일 때 1선당 작용 정전용량은?

① $C_s + 2C_m$ ② $2C_s + C_m$
③ $3C_s + C_m$ ④ $C_s + 3C_m$

해설 8

- 단상 2선식 : $C = C_s + 2C_m$
- 3상 3선식 : $C = C_s + 3C_m$

[답] ④

9. 3상 3선식 1회선의 가공 송전선로에서 D를 선간 거리, r을 전선의 반지름이라고 하면 1선당 정전용량 C는?

① $\log_{10}\dfrac{D}{r}$ 에 비례   ② $\log_{10}\dfrac{D}{r}$ 에 반비례
③ $\dfrac{D}{r^2}$ 에 반비례   ④ $\log_{10}\dfrac{D^2}{r}$ 에 비례

해설 9

$C = \dfrac{0.02413}{\log_{10}\dfrac{D}{r}}$ 의 식에서, $C \propto \dfrac{1}{\log_{10}\dfrac{D}{r}}$ 이므로 정전용량 C는 $\log_{10}\dfrac{D}{r}$ 에 반비례한다.

[답] ②

10. 선간 거리 $2D$[m]이고, 선로 도선 지름이 d[m]인 선로의 단위 길이당 정전용량 [μF/km]은?

① $C = \dfrac{0.02413}{\log_{10}\dfrac{4D}{d}}$ ② $C = \dfrac{0.02413}{\log_{10}\dfrac{2D}{d}}$

③ $C = \dfrac{0.02413}{\log_{10}\dfrac{D}{d}}$ ④ $C = \dfrac{0.2413}{\log_{10}\dfrac{4D}{d}}$

해설 10

$$C = \dfrac{0.02413}{\log_{10}\dfrac{D}{r}} = \dfrac{0.02413}{\log_{10}\dfrac{2D}{\frac{d}{2}}} = \dfrac{0.02413}{\log_{10}\dfrac{4D}{d}}[\mu\text{F/km}]$$

[답] ①

11. 3상 3선식 송전선로에서 각 선의 대지 정전용량이 0.5096[μF]이고, 선간 정전용량이 0.1295[μF]일 때 1선의 작용 정전용량[μF]은?

① 0.6391   ② 0.7686   ③ 0.8981   ④ 1.5288

해설 11

$C = C_s + 3C_m = 0.5096 + 3 \times 0.1295 = 0.8981[\mu\text{F}]$

[답] ③

12. 전압 66,000[V], 주파수 60[Hz], 길이 20[km], 심선 1선당 작용 정전용량 0.3464[μF/km]인 3상 지중 전선로의 무부하 충전전류는 약 몇 [A]인가?
(단, 정전용량 이외의 선로정수는 무시한다.)

① 83.4   ② 91.4   ③ 99.4   ④ 107.4

해설 12

$I_c = \omega CE = 2\pi \times 60 \times 0.3464 \times 10^{-6} \times 20 \times \dfrac{66,000}{\sqrt{3}} = 99.4[\text{A}]$

[답] ③

13. 대지 정전용량 0.007[μF/km], 상호 정전용량 0.001[μF/km], 선로의 길이 100[km]인 3상 송전선이 있다. 여기에 154[kV], 60[Hz]를 가했을 때 1선당 흐르는 충전 전류는?

① 33.5　　② 42.6　　③ 0.335　　④ 0.426

해설 13

$$I_c = \omega CE = 2\pi \times 60 \times (0.007 + 3 \times 0.001) \times 10^{-6} \times 100 \times \frac{154 \times 10^3}{\sqrt{3}} = 33.5[A]$$

[답] ①

14. 22,000[V], 60[Hz], 1회선의 3상 지중 송전선의 무부하 충전 용량[kVar]은? (단, 송전선의 길이는 20[km], 1선 1[km]당 정전용량은 0.5[μF]이다.)

① 1,750　　② 1,825　　③ 1,900　　④ 1,925

해설 14

$$Q_c = 3\omega CE^2 = 3 \times 2\pi \times 60 \times 0.5 \times 10^{-6} \times 20 \times \left(\frac{22,000}{\sqrt{3}}\right)^2 = 1,825,000[Var] = 1,825[kVar]$$

[답] ②

15. 복도체 방식이 가장 적당한 송전선로는?

① 저전압 송전선로　　② 고압 송전선로
③ 특별 고압 송전선로　　④ 초고압 송전선로

해설 15

초고압 송전선로는 154[kV] 이상의 송전 선로로서, 초고압 송전 선로는 대전력 송전을 목적으로 하므로 전선 굵기가 굵은 복도체가 필요하며, 또한 복도체를 사용하면 코로나 방지 효과도 있다.

[답] ④

16. 송전 계통에 복도체가 사용되는 주된 목적은 다음 중 무엇인가?
① 전력 손실의 경감 ② 역률 개선
③ 선로 정수의 평형 ④ 코로나 방지

> **해설 16**
> 복도체를 사용함으로써 전선의 등가 반지름을 크게 하여 코로나 임계 전압을 높여 코로나 발생을 방지한다.
> [답] ④

17. 초고압 송전선로에 단도체 대신 복도체를 사용할 경우 옳지 않은 것은?
① 전선로의 작용 인덕턴스를 감소시킨다.
② 선로의 작용 정전용량을 증가시킨다.
③ 전선 표면의 전위경도를 저감시킨다.
④ 전선의 코로나 임계전압을 저감시킨다.

> **해설 17**
> 복도체는 단도체에 비하여 전선의 등가 반지름을 크게 하여 코로나 임계전압을 증가시키게 되므로 코로나 억제 효과가 있다.
> [답] ④

18. 송전선에 복도체를 사용할 때 그 설명으로 옳지 않은 것은?
① 코로나손이 경감된다.
② 인덕턴스는 감소하고 정전용량이 증가한다.
③ 안정도가 상승하고 송전용량이 증가한다.
④ 정전 반발력에 의한 전선의 진동이 감소한다.

> **해설 18**
> 복도체는 소도체 간에 전자 흡인력에 의하여 소도체끼리 충돌하는 현상 때문에 전선 진동이 증가하고, 전선 표면이 손상되므로 이를 방지하기 위하여 스페이서를 설치한다.
> [답] ④

19. 표준 상태의 기온, 기압 하에서 공기의 절연이 파괴되는 전위경도는 정현파 교류의 실효값으로 얼마[kV/cm]인가?

① 30   ② 40   ③ 21   ④ 12

해설 19

공기의 파열 극한 전위경도
❶ 직류 : 30[kV/cm]   ❷ 교류 : 21[kV/cm] (실효값)

[답] ③

20. 송전선로의 코로나 손과 가장 관계가 깊은 것은?

① 상대 공기 밀도   ② 송전선의 정전용량
③ 송전 거리   ④ 송전선의 전압 변동률

해설 20

코로나 전력 손실(Peek 식)
$P = \dfrac{241}{\delta}(f+25)\sqrt{\dfrac{d}{2D}}(E-E_0)^2 \times 10^{-5}$ [kW/km/line] 에서
상대 공기 밀도 δ와 밀접한 관련이 있다.

[답] ①

21. 3상 3선식 송전선로에서 코로나의 임계전압 E_0 [kV]의 계산식은?
(단, $d = 2r$ = 전선의 지름[cm], D = 전선(3선)의 평균 선간 거리[cm] 이다.)

① $E_0 = 24.3 d \log_{10} \dfrac{D}{r}$ ② $E_0 = 24.3 d \log_{10} \dfrac{r}{D}$

③ $E_0 = 0.02413 d \log_{10} \dfrac{D}{r}$ ④ $E_0 = 0.02413 d \log_{10} \dfrac{r}{D}$

해설 21

코로나 발생 임계전압 : $E_0 = 24.3 m_0 m_1 d \log_{10} \dfrac{D}{r}$ [kV]

[답] ①

22. 코로나 임계 전압에 직접 관계가 없는 것은?
   ① 전선의 굵기
   ② 기상 조건
   ③ 애자의 강도
   ④ 선간 거리

   해설 22

   코로나 발생 임계전압 $E_0 = 24.3 m_0 m_1 d \log_{10} \dfrac{D}{r}$ [kV]에서, m_0(전선 표면계수), m_1(날씨계수), d(전선의 직경), D(전선과 전선간의 선간 거리)이다.

   [답] ③

23. 송전선에서 코로나 방지에 가장 효과적인 방법은?
   ① 선로의 애자수를 증가시킨다.
   ② 전선의 지름을 크게 한다.
   ③ 선간 거리를 증가시킨다.
   ④ 선로의 높이를 증가시킨다.

   해설 23

   코로나 발생 임계전압 $E_0 = 24.3 m_0 m_1 d \log_{10} \dfrac{D}{r}$ [kV]에서, $E_0 \propto d$의 관계에 의하여 코로나를 방지하는 가장 좋은 방법은 굵은 전선(복도체)을 사용한다.

   [답] ②

24. 코로나 방지 대책으로 적당하지 않은 것은?
① 전선의 바깥 지름을 크게 한다.
② 선간 거리를 증가시킨다.
③ 복도체를 사용한다.
④ 가선 금구류를 개량한다.

해설 24

코로나 방지 대책
(1) 굵은 전선 사용　　(2) 복도체 사용　　(3) 가선 금구 개량

[답] ②

25. 송전선로에 코로나가 발생하였을 때 이점이 있다면 다음 중 어느 것인가?
① 계전기의 신호에 영향을 준다.
② 라디오 수신에 영향을 준다.
③ 전력선 반송에 영향을 준다.
④ 고전압의 진행파가 발생하였을 때 뇌 서지에 영향을 준다.

해설 25

전선에서 코로나가 발생하면 여러 가지 장해가 발생하지만, 전선에 침입한 뇌서지의 파고값이 저감되는 장점은 있다.

[답] ④

MEMO

Chapter 03

송전 특성 및 조상 설비

01. 송전 특성
02. 조상 설비
03. 직류 송전(HVDC)
- 적중실전문제

Chapter 03 송전 특성 및 조상 설비

01 송전 특성

1) 송전선로의 해석

송전선로는 송전 거리에 따라 다음과 같이 구분하여 해석한다.

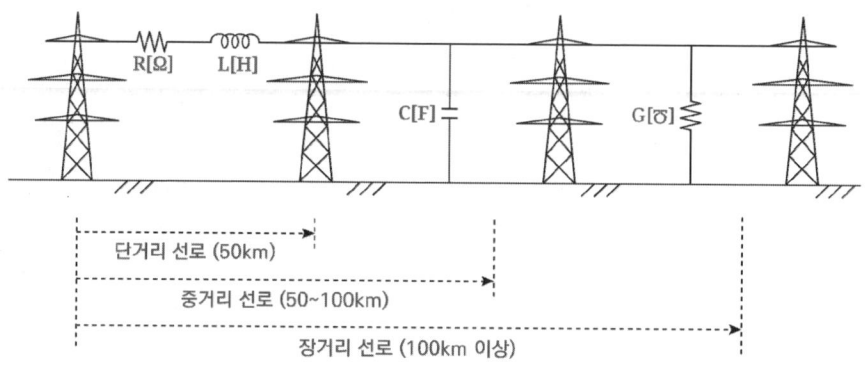

(1) 단거리 선로 : R과 L만의 집중 정수 회로

(2) 중거리 선로 : R과 L, C의 집중 정수 회로

(3) 장거리 선로 : R, L, C, G가 모두 있는 분포 정수 회로

2) 단거리 송전선로

(1) 단거리 선로의 등가 회로 및 벡터도

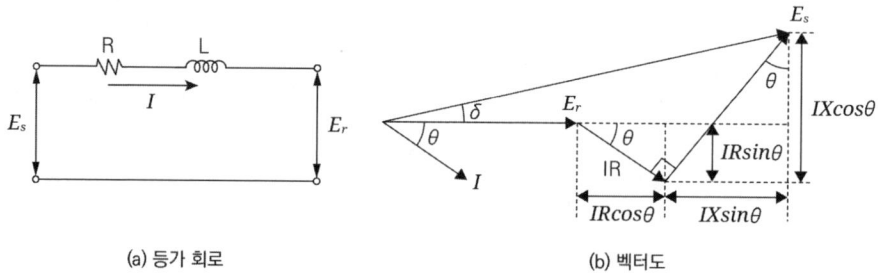

(a) 등가 회로   (b) 벡터도

(2) 송전단 전압(E_s) 산출

① 위 그림 (b)의 벡터도로부터,

- $\dot{E_s} = \dot{E_r} + \dot{I}\dot{Z} = (E_r + IR\cos\theta + IX\sin\theta) + j(IX\cos\theta - IR\sin\theta)$

$\therefore |E_s| = \sqrt{(E_r + IR\cos\theta + IX\sin\theta)^2 + (IX\cos\theta - IR\sin\theta)^2}$

② 위의 $\sqrt{}$ 내의 식 중에서, $IXcos\theta - IRsin\theta$ 의 값은 매우 작으므로 무시하게 되면,

$$\therefore E_s = E_r + IRcos\theta + IXsin\theta = E_r + I(Rcos\theta + Xsin\theta)$$

(3) 전압강하의 산출
① 위 송전단 전압 계산식에서,
- 전압강하 : $e = E_s - E_r = I(Rcos\theta + Xsin\theta)$ ($\therefore E_s, E_r$: 상전압)

② 이를 선간전압에 대해 생각하면,

$$\therefore e = V_s - V_r = \sqrt{3}\,I(Rcos\theta + Xsin\theta) = \frac{P}{V cos\theta}(Rcos\theta + Xsin\theta)$$

예제 1

장거리 송전선로의 특성은 무슨 회로로 다루는 것이 가장 좋은가?
① 특성 임피던스 회로 ② 집중 정수 회로
③ 분포 정수 회로 ④ 분산 분포 회로

【해설】
(1) 단거리 및 중거리 선로 : 집중 정수 회로로 취급
(2) 장거리 선로 : 저항, 인덕턴스, 누설 콘덕턴스, 정전용량이 고르게 분포된 분포 정수 회로로 취급

[답] ③

---

3) 중거리 송전선로의 해석

(1) T형 회로에 의한 해석
① 등가회로

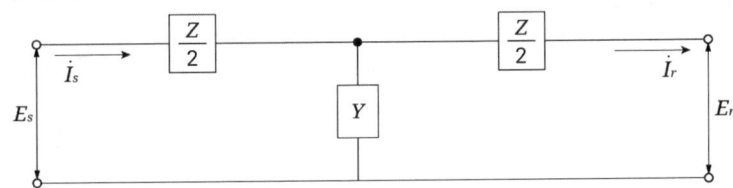

② T형 회로의 송전단 전압, 전류

- 송전단 전압 : $E_s = \left(1 + \dfrac{ZY}{2}\right)E_r + Z\left(1 + \dfrac{ZY}{4}\right)I_r$

- 송전단 전류 : $I_s = YE_r + \left(1 + \dfrac{ZY}{2}\right)I_r$

(2) π형 회로에 의한 해석
① 등가회로

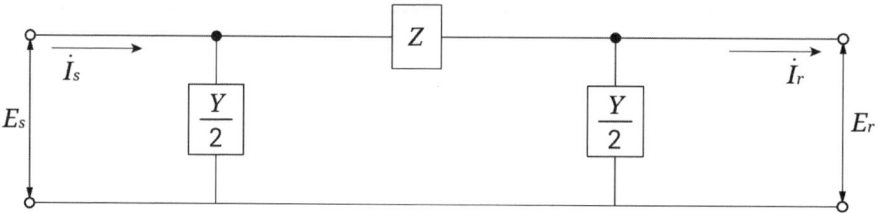

② π형 회로의 송전단 전압, 전류

- 송전단 전압 : $E_s = \left(1 + \dfrac{ZY}{2}\right)E_r + ZI_r$
- 송전단 전류 : $I_s = Y\left(1 + \dfrac{ZY}{4}\right)E_r + \left(1 + \dfrac{ZY}{2}\right)I_r$

예제 2

중거리 송전선로의 T형 회로에서 송전단 전류 I_s는? (단, Z, Y는 선로의 직렬 임피던스와 병렬 어드미턴스이고, E_r은 수전단 전압, I_r은 수전단 전류이다.)

① $I_r\left(1 + \dfrac{ZY}{2}\right) + E_r Y$
② $E_r\left(1 + \dfrac{ZY}{2}\right) + ZI_r\left(1 + \dfrac{ZY}{4}\right)$
③ $E_r\left(1 + \dfrac{ZY}{2}\right) + ZI_r$
④ $I_r\left(1 + \dfrac{ZY}{2}\right) + E_r Y\left(1 + \dfrac{ZY}{4}\right)$

【해설】
중거리 선로의 송전단 전압, 전류 식

(1) T형 회로 : $E_s = \left(1 + \dfrac{ZY}{2}\right)E_r + Z\left(1 + \dfrac{ZY}{4}\right)I_r$, $I_s = YE_r + \left(1 + \dfrac{ZY}{2}\right)I_r$

(2) π형 회로 : $E_s = \left(1 + \dfrac{ZY}{2}\right)E_r + ZI_r$, $I_s = Y\left(1 + \dfrac{ZY}{4}\right)E_r + \left(1 + \dfrac{ZY}{2}\right)I_r$

[답] ①

4) 장거리 송전선로의 해석

(1) 분포정수 회로

선로정수(R, L, G, C)가 균등하게 분포된 분포정수 회로로 취급한다.

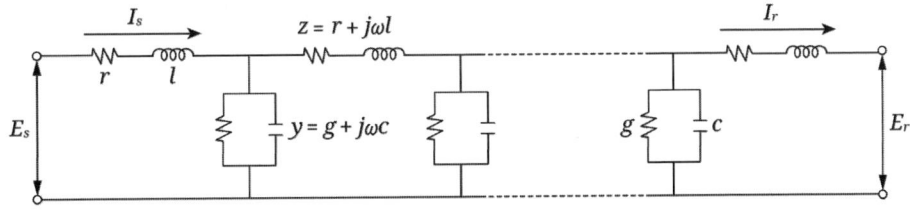

〈장거리 선로의 분포 정수 회로의 등가 회로〉

① 직렬 임피던스 : $z = r + j\omega l = r + jx\,[\Omega/\mathrm{km}]$
② 병렬 어드미턴스 : $y = g + j\omega c = g + jb\,[\mho/\mathrm{km}]$

(2) 장거리 선로의 송전단 전압, 전류 식 (전파 방정식)

- 송전단 전압 : $E_s = \cosh\gamma l\, E_r + Z_0 \sinh\gamma l\, I_r$

- 송전단 전류 : $I_s = \dfrac{1}{Z_0}\sinh\gamma l\, E_r + \cosh\gamma l\, I_r$

(3) 파동 임피던스와 전파정수

① 파동(서지, 특성) 임피던스

위 전파 방정식 중에서,

- $Z_o = \sqrt{\dfrac{Z}{Y}} = \sqrt{\dfrac{R+j\omega L}{G+j\omega C}} = \sqrt{\dfrac{L}{C}}\;[\Omega]$

를 파동 임피던스라고 하며, 송전선을 이동하는 진행파에 대한 전압과 전류의 비로서 그 송전선 특유의 값이다. ($Z_o = 300\sim500\,[\Omega]$)

② 전파 정수

- $\gamma = \sqrt{zy} = \sqrt{(r+j\omega L)(g+j\omega C)} = \alpha + j\beta$

단, α : 감쇠 정수
　　　(송전단에서 수전단으로 갈수록 전압이 감쇠되는 특성 정수)
　　β : 위상 정수
　　　(송전단에서 수전단으로 갈수록 위상이 지연되는 특성 정수)

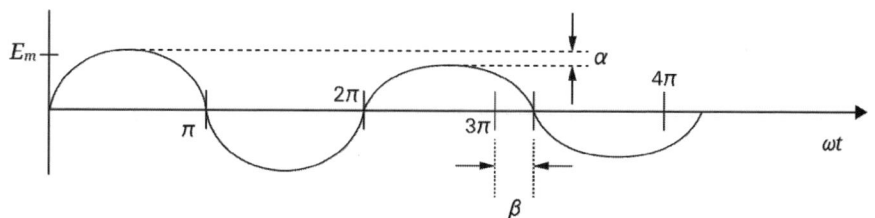

> **예제 3**
>
> 선로의 특성 임피던스는?
> ① 선로의 길이가 길어질수록 값이 커진다.
> ② 선로의 길이가 길어질수록 값이 작아진다.
> ③ 선로의 길이에 관계없이 일정하다.
> ④ 선로의 길이보다는 부하 전력에 따라 값이 변한다.
>
> **【해설】**
> 특성 임피던스는 $Z_o = \sqrt{\dfrac{Z}{Y}} = \sqrt{\dfrac{R+j\omega L}{G+j\omega C}} = \sqrt{\dfrac{L}{C}}$ 로 표현되므로 선로의 길이와는 무관하다.
> [답] ③

5) 4단자 정수(A, B, C, D)의 물리적 의미

(1) 송전단 전압(E_s) 및 송전단 전류(I_s)의 표현
- 일반적으로 송전단 전압·전류는 A, B, C, D 정수를 사용하여,

$$\begin{bmatrix} E_s \\ I_s \end{bmatrix} = \begin{bmatrix} A & B \\ C & D \end{bmatrix} \begin{bmatrix} E_r \\ I_r \end{bmatrix}$$

- $E_s = AE_r + BI_r$
- $I_s = CE_r + DI_r$

(2) 4단자 정수 A, B, C, D의 물리적 의미
- 위 식에서 수전단의 단락, 개방상태에 따라서 A, B, C, D를 구해보면,

① $A = \dfrac{E_s}{E_r}\Big|_{I_r=0}$: 수전단 개방 시의 송·수전단 전압비[·]

② $B = \dfrac{E_s}{I_r}\Big|_{E_r=0}$: 수전단 단락 시의 송·수전단 전달 임피던스[Ω]

③ $C = \dfrac{I_s}{E_r}\Big|_{I_r=0}$: 수전단 개방 시의 송·수전단 전달 어드미턴스[℧]

④ $D = \dfrac{I_s}{I_r}\Big|_{E_r=0}$: 수전단 단락 시의 송·수전단 전류비[·]

(3) 행렬식에 의한 4단자 정수의 산출

① 직렬 임피던스 회로의 행렬식 표현

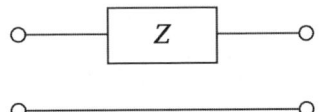

$$\begin{bmatrix} A & B \\ C & D \end{bmatrix} = \begin{bmatrix} 1 & Z \\ 0 & 1 \end{bmatrix}$$

② 병렬 어드미턴스 회로의 행렬식 표현

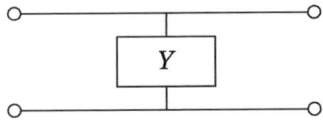

$$\begin{bmatrix} A & B \\ C & D \end{bmatrix} = \begin{bmatrix} 1 & 0 \\ Y & 1 \end{bmatrix}$$

③ 따라서, T형 회로의 행렬식 표현은,

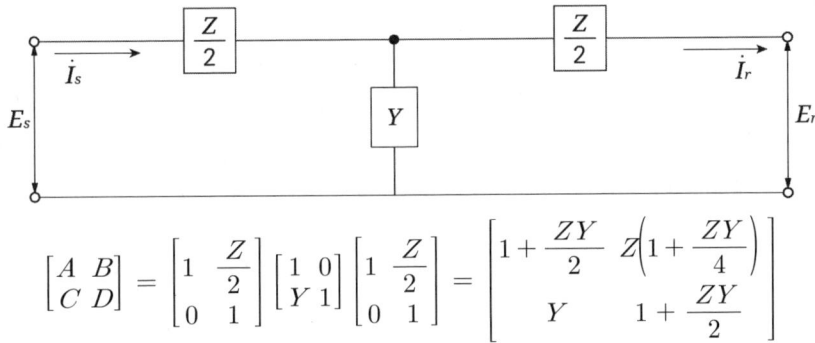

$$\begin{bmatrix} A & B \\ C & D \end{bmatrix} = \begin{bmatrix} 1 & \frac{Z}{2} \\ 0 & 1 \end{bmatrix} \begin{bmatrix} 1 & 0 \\ Y & 1 \end{bmatrix} \begin{bmatrix} 1 & \frac{Z}{2} \\ 0 & 1 \end{bmatrix} = \begin{bmatrix} 1+\frac{ZY}{2} & Z\left(1+\frac{ZY}{4}\right) \\ Y & 1+\frac{ZY}{2} \end{bmatrix}$$

④ 또한, π형 회로의 행렬식 표현은,

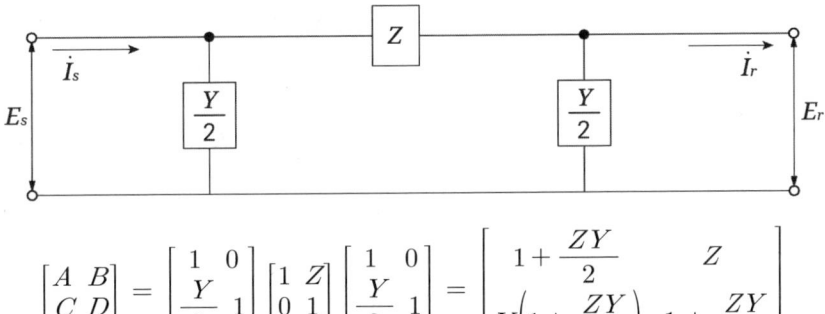

$$\begin{bmatrix} A & B \\ C & D \end{bmatrix} = \begin{bmatrix} 1 & 0 \\ \frac{Y}{2} & 1 \end{bmatrix} \begin{bmatrix} 1 & Z \\ 0 & 1 \end{bmatrix} \begin{bmatrix} 1 & 0 \\ \frac{Y}{2} & 1 \end{bmatrix} = \begin{bmatrix} 1+\frac{ZY}{2} & Z \\ Y\left(1+\frac{ZY}{4}\right) & 1+\frac{ZY}{2} \end{bmatrix}$$

예제 4

그림과 같은 회로에 있어서의 합성 4단자 정수에서 B_0의 값은?

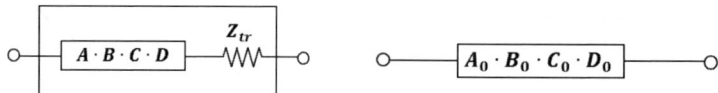

① $B_0 = B + Z_{tr}$ ② $B_0 = A + BZ_{tr}$
③ $B_0 = B + AZ_{tr}$ ④ $B_0 = C + DZ_{tr}$

【해설】

$$\begin{bmatrix} A_0 & B_0 \\ C_0 & D_0 \end{bmatrix} = \begin{bmatrix} A & B \\ C & D \end{bmatrix} \begin{bmatrix} 1 & Z_{tr} \\ 0 & 1 \end{bmatrix} = \begin{bmatrix} A & B + AZ_{tr} \\ C & D + CZ_{tr} \end{bmatrix}$$

[답] ③

6) 3상 3선식 송전선로에서의 주요 공식 정리

(1) 전압 강하 : $e = \sqrt{3} I(R\cos\theta + X\sin\theta) [V]$

$= \dfrac{P}{V}(R + X\tan\theta) [V] \quad \left(\therefore e \propto \dfrac{1}{V}\right)$

(2) 전압 강하율 : $\varepsilon = \dfrac{e}{V_r} \times 100 [\%] = \dfrac{V_s - V_r}{V_r} \times 100 [\%]$

$= \dfrac{\sqrt{3} I(R\cos\theta + X\sin\theta)}{V_r} \times 100 [\%]$

$= \dfrac{P}{V_r^2}(R + X\tan\theta) \times 100 [\%] \quad \left(\therefore \varepsilon \propto \dfrac{1}{V^2}\right)$

(3) 전압 변동률 : $\delta = \dfrac{V_{r0} - V_r}{V_r} \times 100 [\%]$

(V_{ro} : 무부하 시 수전단 전압, V_r : 전부하 시 수전단 전압)

(4) 유효 전력 : $P = \sqrt{3}\, VI\cos\theta\ [\mathrm{W}]$

(5) 전력 손실 : $P_l = 3I^2 R = 3\left(\dfrac{P}{\sqrt{3}\, V\cos\theta}\right)^2 R = \dfrac{P^2 R}{V^2 \cos^2\theta}\ [\mathrm{W}]$

$$\left(\therefore P_l \propto \dfrac{1}{V^2}\right)$$

예제 5

송전단 전압 6,600[V], 수전단 전압 6,300[V], 부하 역률 0.8(지상), 선로의 1선당 저항이 3[Ω], 리액턴스가 2[Ω]인 3상 3선식 배전 선로의 수전 전력[kW]은 얼마인가?

① 420　　　　② 525　　　　③ 640　　　　④ 727

【해설】

(1) 전압 강하 식에서 전류 $I[\mathrm{A}]$를 우선 구해보면,

- $e = V_s - V_r = \sqrt{3}\, I(R\cos\theta + X\sin\theta)$

$\therefore I = \dfrac{6{,}600 - 6{,}300}{\sqrt{3}\,(3 \times 0.8 + 2 \times 0.6)} = 48[\mathrm{A}]$

(2) 따라서, 수전 전력 $P_r [\mathrm{kW}]$는,

- $P_r = \sqrt{3}\, V_r I \cos\theta = \sqrt{3} \times 6{,}300 \times 48 \times 0.8 = 420{,}000[\mathrm{W}] = 420[\mathrm{kW}]$

[답] ①

---

7) 전력 원선도

(1) 전력 원선도의 정의

송전단 전력($P_s = \sqrt{3}\, V_s I \cos\theta$)과 수전단 전력($P_r = \sqrt{3}\, V_r I \cos\theta$)에 관한 내용을 원의 형태로 그려서 전력계통의 전기적 특성을 파악할 수 있는 그림

(2) 전력 원선도 작성 시 필요한 사항

$E_s = AE_r + BI_r$, $I_s = CE_r + DI_r$에서 전력 방정식을 구해야 하므로, 4단자 정수 A, B, C, D 값과 송전단 및 수전단 전압과 전류를 알아야 한다.

(3) 전력 원선도의 반지름

- $\rho = \dfrac{V_s V_r}{B}$

단, V_s : 송전단 전압
V_r : 수전단 전압
B : 임피던스 정수

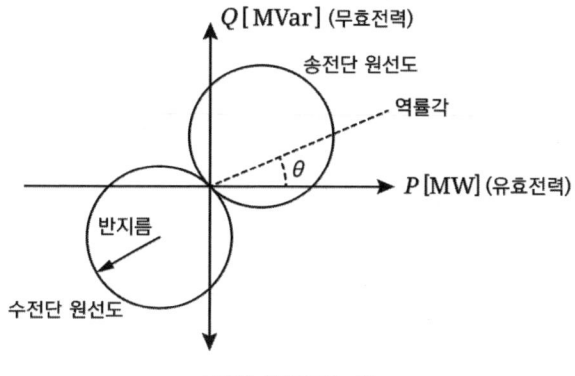

〈 전력 원선도의 예 〉

(4) 전력 원선도에서 알 수 있는 사항
① 송·수전 할 수 있는 최대 전력
② 송·수전단 전압 간의 상차각
③ 전력 손실과 송전 효율
④ 수전단 측의 역률
⑤ 전력계통 전압을 유지하기 위한 조상 설비

예제 6

전력 원선도에서 알 수 없는 것은?
① 전력　　② 손실　　③ 역률　　④ 코로나 손실

【해설】
(1) 전력 원선도에서 알 수 있는 사항
　❶ 송·수전 할 수 있는 최대 전력　　❷ 전력 손실과 송전 효율
　❸ 수전단 역률　　　　　　　　　❹ 송·수전단 전압 간의 상차각
　❺ 조상 설비 용량
(2) 전력 원선도에서 알 수 없는 사항
　❶ 코로나 손실　　　　　　　　　❷ 과도 안정 극한 전력

[답] ④

02 조상 설비

1) 조상 설비의 정의
전력 계통의 전압을 일정하게 유지하기 위해서는 유효 전력에 일정한 비율의 무효 전력이 필요하게 되는데, 이에 필요한 무효 전력을 공급하는 장치를 조상설비라 한다.

2) 조상 설비의 종류
(1) 전력용 콘덴서(S.C)

(2) 분로(병렬) 리액터(Sh.R)

(3) 동기 조상기
　동기 전동기를 무부하 상태에서 운전하는 것으로 계통의 전압과 역률을 조정한다.

3) 조상 설비의 특징

종 류	전력용 콘덴서	분로 리액터	동기 조상기
(1) 역할	진상 무효전력 공급	지상 무효전력 공급	진상 및 지상 무효전력 공급
(2) 조정 특성	계단적 조정	계단적 조정	연속적 조정
(3) 전력 손실	적다	적다	크다
(4) 가 격	싸다	싸다	비싸다
(5) 사고 시 전압 유지 능력	적다	적다	크다
(6) 유지, 보수	쉽다	쉽다	어렵다
(7) 시송전 여부	불가능	불가능	가능

예제 7

전력 계통의 전압 조정과 무관한 것은?
① 발전기의 조속기　　　② 발전기의 전압 조정 장치
③ 전력용 콘덴서　　　　④ 분로 리액터

【해설】
조속기는 발전소에서 수차(터빈) 및 발전기의 회전수(속도)를 자동으로 조정하는 장치이다.
[답] ①

4) 페란티 현상

(1) 페란티 현상의 정의
심야의 경부하 또는 무부하시에 수전단 전압이 송전단 전압보다 높아지는 현상

(2) 페란티 현상의 원인
선로의 대지 정전 용량으로 인한 충전 전류(진상 전류)

(3) 페란티 현상 방지 대책
① 분로 리액터(Sh.R)를 설치한다.
② 동기 조상기를 저여자(지상) 운전하여 지상 무효전력을 공급한다.

예제 8

수전단 전압이 송전단 전압보다 높아지는 현상을 무슨 효과라 하는가?
① 페란티 효과　　　　　　② 표피 효과
③ 근접 효과　　　　　　　④ 도플러 효과

【해설】
계통을 무부하 상태로 운전할 경우 선로의 정전용량으로 인한 진상 전류가 계통에 흘러 충전 전류의 영향으로 수전단 전압이 오히려 송전단 전압보다 높아지는 페란티 현상이 발생한다.

[답] ①

---

5) 송전 용량

(1) 송전 용량의 정의
송전선로가 건설되면 그 송전선로에 송전할 수 있는 공급 가능 전력을 말한다.

(2) 적정한 송전 용량 결정 조건
① 송·수전 전압의 상차각이 적당할 것 (30~40° 정도)
② 조상 설비 용량이 적당할 것 (수전 전력의 75[%] 정도의 조상 설비 용량)
③ 송전 효율이 적당할 것 (전체적인 송전 효율이 90[%] 이상을 유지할 것)

(3) 송전 용량 계산법
  ① 고유 부하법
  - $P = \dfrac{V_r^2}{Z} = \dfrac{V_r^2}{\sqrt{\dfrac{L}{C}}}$ [MW]

  ② 송전 용량 계수법
  - $P = k\dfrac{V_r^2}{l}$ [kW]

  단, k : 송전 용량 계수, l : 송전 거리[km]

  ③ A-Still 식 (경제적인 송전 전압 결정 식)
  - $V[\text{kV}] = 5.5\sqrt{0.6l + \dfrac{P}{100}}$

  단, l : 송전 거리[km], P : 송전 용량[kW]

예제 9

송전 선로의 송전 용량 결정과 관계가 먼 것은?
① 송수전단 전압의 상차각　　② 조상기 용량
③ 송전 효율　　　　　　　　　④ 송전선의 충전 전류

【해설】
송전 용량 결정 조건
(1) 송수전단 간의 전압 상차각이 적당할 것
(2) 조상 설비 용량이 적당할 것
(3) 송전 효율이 양호할 것

[답] ④

6) 계통 연계

(1) 전력 계통 연계의 정의
서로 독립되어 운전하던 각각의 전력계통을 송전선(연계선)을 통하여 연결하여 하나의 커다란 계통으로 운전하는 것을 말한다.

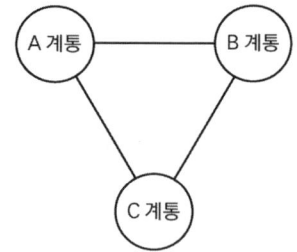

(2) 전력 계통 연계 시 장점
① 설비 용량 축소
② 경제 급전 용이
③ 공급 신뢰도 증가
④ 안정된 전력 계통의 주파수 유지

(3) 전력 계통 연계 시 단점
① 어느 한 계통의 사고가 다른 계통으로 사고 파급 확대 우려
② 계통의 리액턴스 감소로 단락 전류 증가
③ 설비 투자비 증대
④ 통신선에 대한 유도장해 증가

예제 10

전력 계통을 연계시킴으로써 얻는 이득이 아닌 것은 어느 것인가?
① 첨두 부하가 시간적으로 다르기 때문에 부하율이 향상된다.
② 공급 예비력이 절감된다.
③ 공급 신뢰도가 향상된다.
④ 배후 전력이 커져서 단락 용량이 작아진다.

【해설】
전력 계통을 연계시키면 전체적인 합성 리액턴스는 작아지게 되므로 단락 전류 $I_s = \dfrac{E}{X}$ 는 증가되게 되어 차단기의 용량이 커지게 된다.

[답] ④

7) 전력 계통의 전압 및 주파수 제어

(1) 전력 계통의 주파수 제어
① 부하 소비(유효) 전력[kW] 증가 → 계통 주파수 저하 → 발전소 출력[kW] 증가
② 부하 소비(유효) 전력[kW] 감소 → 계통 주파수 상승 → 발전소 출력[kW] 감소

(2) 전력 계통의 전압 제어
① 계통의 무효전력[kVar] 부족 → 계통 전압 저하 → 진상 무효전력 공급(SC)
② 계통의 무효전력[kVar] 과잉 → 계통 전압 상승 → 지상 무효 전력 공급(Sh.R)

예제 11

전력 계통 주파수가 기준값보다 증가하는 경우 어떻게 하는 것이 타당한가?
① 발전 출력[kW]을 증가시켜야 한다.
② 발전 출력[kW]을 감소시켜야 한다.
③ 무효 전력[kVar]을 증가시켜야 한다.
④ 무효 전력[kVar]을 감소시켜야 한다.

【해설】
전력 계통의 주파수가 기준 주파수(60[Hz])보다 높아졌다는 것은 계통의 유효 전력이 너무 과잉된 상태이므로 발전기의 유효 출력[kW]을 빨리 줄여야 한다.

[답] ②

03 직류 송전(HVDC)

1) 직류 송전의 정의

발전소에서 발전된 교류(AC) 전력을 정류기로 직류(DC) 전력으로 변환시켜 송전한 후에 이를 다시 교류(AC)로 역변환하여 부하에 공급하는 송전 방식을 말한다.

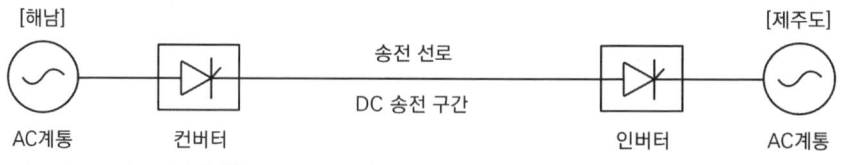

〈 직류 송전의 구성도 〉

2) 우리나라 직류 송전(HVDC) 예

육지의 전라남도 해남에서부터 제주도까지 100[km] 해저 구간을 직류 송전 방식으로 하여 해저 케이블을 이용하여 300[MW] 용량으로 직류 연계하여 현재 운전 중이다.

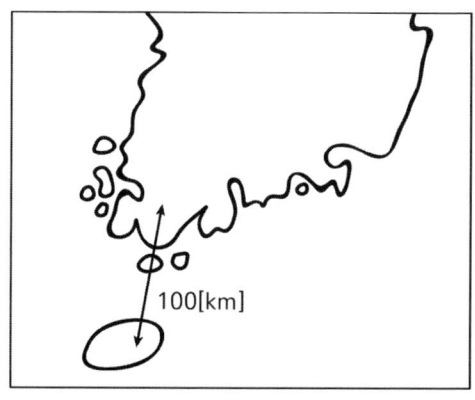

〈 육지-제주도 직류 연계 〉

3) 직류 송전(HVDC)의 장점

(1) 전력 손실이 적다.

(2) 전력 기기의 절연을 교류 방식보다 낮게 할 수 있다. (교류의 $1/\sqrt{2}$ 정도)

(3) 코로나 손실이 적고, 충전 전류의 영향이 없다.

(4) 선로의 리액턴스가 없으므로 계통의 안정도가 높다.

(5) 전선의 표피 효과나 근접 효과 영향이 없으므로 저항의 증대가 없다.

(6) 서로 주파수가 다른 계통 간의 연계가 가능하다.

4) 직류 송전(HVDC)의 단점

(1) 변환 장치(컨버터, 인버터)의 설치 비용이 비싸다.

(2) 전압의 승압과 강압이 곤란하다.

(3) 변환 장치에서 발생하는 다량의 고조파를 제거하는 장치가 필요하다.

(4) 교류 방식보다 고장 전류의 차단이 어렵다.

예제 12

장거리 대전력 송전에 교류 송전 방식에 비해서 직류 송전 방식의 장점이 아닌 것은?
① 송전 효율이 높다.
② 안정도의 문제가 없다.
③ 선로의 절연이 더 수월하다.
④ 변압이 쉬워 고압 송전이 유리하다.

【해설】
직류 송전의 단점
(1) 변환 장치(컨버터, 인버터)의 설치 비용이 비싸다.
(2) 전압의 승압과 강압이 곤란하다.
(3) 변환 장치에서 발생하는 다량의 고조파를 제거하는 장치가 필요하다.
(4) 교류 방식보다 고장 전류의 차단이 어렵다.

[답] ④

Chapter 03. 송전 특성 및 조상 설비
적중실전문제

1. 직류 송전방식에 비교할 때 교류 송전방식의 이점은?
① 선로의 리액턴스에 의한 전압강하가 없으므로 장거리 송전에 적합하다.
② 변압이 쉬워 고압 송전을 하는 데 유리하다.
③ 같은 절연에서는 송전 전력이 크게 된다.
④ 지중 송전의 경우 충전 전류와 유전체손을 고려하지 않아도 되므로 절연이 쉽다.

해설 1

교류 송전에서 최대의 장점은 변압기로서 자유롭게 전압의 승압 및 강압이 가능하다는 것이다.

[답] ②

2. 직류 송전 방식이 교류 송전 방식에 비하여 유리한 점이다. 틀린 것은?
① 표피 효과에 의한 송전 손실이 없다.
② 통신선에 대한 유도 잡음이 적다.
③ 선로의 절연이 용이하다.
④ 정류가 필요 없고, 승압 및 강압이 쉽다.

해설 2

직류 송전 방식은 반드시 컨버터(교류를 직류로 변환) 및 인버터(직류를 교류로 역변환) 장치가 필요하며, 변압기로서 전압 변성이 안 된다는 단점이 있다.

[답] ④

3. 직류 송전 방식에 대한 다음 설명으로 틀린 것은?
   ① 케이블 송전일 경우 유전체손이 없기 때문에 교류 방식보다 유리하다.
   ② 선로의 절연이 교류 방식보다 유리하다.
   ③ 리액턴스 또는 위상각에 대해서 고려할 필요가 없다.
   ④ 비동기 연계가 불가능하므로 주파수가 다른 계통 간의 연계가 불가능하다.

   해설 3

   직류 연계는 주파수가 다른 계통 간의 연계 운전이 가능하다.

   [답] ④

4. 교류 송전 방식에 대한 직류 송전 방식의 장점에 해당되지 않는 것은?
   ① 기기 및 선로의 절연에 요하는 비용이 절감된다.
   ② 전압 변동률이 양호하고 무효 전력에 기인하는 전력 손실이 생기지 않는다.
   ③ 안정도의 한계가 없으므로 송전 용량을 높일 수 있다.
   ④ 고전압, 대전류의 차단이 용이하다.

   해설 4

   직류 전류는 전류의 영점이 없기 때문에 항상 대전류를 차단해야 하므로 고장 전류의 차단이 어렵다.

   [답] ④

5. 늦은 역률의 부하를 갖는 단거리 송전 선로의 전압 강하 근사식은?
(단, P는 3상 부하 전력[kW], E는 선간 전압[kV], R은 선로 저항[Ω], X는 리액턴스[Ω], θ는 늦은 역률각이다.)

① $\dfrac{\sqrt{3}P}{E}(R+X\tan\theta)$ ② $\dfrac{E}{\sqrt{3}P}(R+X\tan\theta)$

③ $\dfrac{P}{E}(R+X\tan\theta)$ ④ $\dfrac{P}{\sqrt{3}E}(R+X\tan\theta)$

해설 5

전압 강하 근사식 :
$$e = \sqrt{3}I(R\cos\theta + X\sin\theta) = \sqrt{3}\times\dfrac{P}{\sqrt{3}E\cos\theta}(R\cos\theta + X\sin\theta) = \dfrac{P}{E}(R+X\tan\theta)$$

[답] ③

6. 1선의 저항이 10[Ω], 리액턴스 15[Ω]인 3상 송전선이 있다. 수전단 전압 60[kV], 부하 역률 0.8[lag], 전류 100[A]라고 한다. 이때 송전단 전압[V]은?
① 62,940 ② 63,700 ③ 64,000 ④ 65,940

해설 6

$$V_s = V_r + \sqrt{3}I(R\cos\theta + X\sin\theta) = 60,000 + \sqrt{3}\times 100 \times (10\times 0.8 + 15\times 0.6) = 62,940[\text{V}]$$

[답] ①

7. 3상 3선식 선로에서 수전단 전압 6.6[kV], 역률 80[%] (지상), 600[kVA]의 3상 평형 부하가 연결되어 있다. 선로 임피던스 $R=3[\Omega]$, $X=4[\Omega]$의 배전 선로가 있다. 이 선로의 송전단 전압은 약 몇 [V]이겠는가?

① 6,240 ② 6,420 ③ 7,036 ④ 7,560

해설 7

(1) 3상 피상 전력 식에서 전류를 우선 구해보면,

- $I = \dfrac{P_{ar}}{\sqrt{3}\,V_r} = \dfrac{600}{\sqrt{3}\times 6.6} = 52.49[A]$

(2) 따라서, 송전단 전압은,

- $V_s = V_r + \sqrt{3}\,I(R\cos\theta + X\sin\theta) = 6,600 + \sqrt{3}\times 52.49 \times (3\times 0.8 + 4\times 0.6)$
  $= 7,036[V]$

[답] ③

8. 송, 수전 선로 간의 저항이 10[Ω]이고, 리액턴스가 22[Ω]일 때, 송전단 상 전압은 6,800[V], 수전단 상 전압 6,600[V]이다. 전압 강하율은 약 몇 [%]인가?

① 3.03 ② 4.0 ③ 2.85 ④ 3.33

해설 8

$\varepsilon = \dfrac{E_s - E_r}{E_r}\times 100[\%] = \dfrac{6,800-6,600}{6,600}\times 100[\%] = 3.03[\%]$

[답] ①

9. 송전단 전압 66[kV], 수전단 전압 60[kV]인 송전선로에서 수전단의 부하를 끊을 경우에 수전단 전압이 63[kV]가 되었다면 전압 변동률은 몇 [%]인가?

① 5 ② 5.5 ③ 7.8 ④ 9.5

해설 9

$\delta = \dfrac{V_{r0}-V_r}{V_r}\times 100[\%] = \dfrac{63-60}{60}\times 100[\%] = 5[\%]$

[답] ①

10. 다음 중 3상 3선식에서 일정한 거리에 일정한 전력을 송전할 경우 전로에서의 저항손은 어떻게 되는가?

① 선간 전압에 비례한다.
② 선간 전압에 반비례한다.
③ 선간 전압의 제곱에 비례한다.
④ 선간 전압의 제곱에 반비례한다.

해설 10

전력 손실 $P_l = 3I^2R = 3 \times \left(\dfrac{P}{\sqrt{3}\,V\cos\theta}\right)^2 R = \dfrac{P^2 R}{V^2 \cos^2\theta}$ 에서, 전력 손실과 선간 전압은 제곱에 반비례한다.

[답] ④

11. 전압과 역률이 일정할 때 전력 손실을 2배로 하면 전력은 몇 [%] 정도 증가시킬 수 있는가?

① 약 41 ② 약 50 ③ 약 73 ④ 약 82

해설 11

전력 손실 $P_l = 3I^2R = 3 \times \left(\dfrac{P}{\sqrt{3}\,V\cos\theta}\right)^2 R = \dfrac{P^2 R}{V^2 \cos^2\theta}$ 에서 공급 전력과 전력 손실의 관계는, $P \propto \sqrt{P_l}$ 의 관계가 있으므로 $P = \sqrt{2P_l} = 1.414\sqrt{P_l}$ 로서 41.4[%] 증가한다.

[답] ①

12. 3상 3선식 송전 선로에서 송전 전력 P[kW], 수전 전압 V[kV], 전선의 단면적 A[mm²], 송전 거리 l[km], 전선의 고유 저항 ρ[Ω·mm²/m], 역률 $\cos\varnothing$ 일 때 선로 손실 P_l[kW]은?

① $\dfrac{\rho l P^2}{A V^2 \cos^2\varnothing}$
② $\dfrac{\rho l P^2}{A^2 V \cos^2\varnothing}$
③ $\dfrac{\rho l P^2 \times 10^3}{A V^2 \cos^2\varnothing}$
④ $\dfrac{\rho l P^2}{A V^2 \cos\varnothing}$

해설 12

$$P_l = 3I^2 R = 3 \times \left(\frac{P}{\sqrt{3}\, V\cos\varnothing}\right)^2 R = \frac{P^2 R}{V^2 \cos^2\varnothing}$$

$$= \frac{P^2 \times 10^6}{V^2 \times 10^6 \times \cos^2\varnothing} \times \rho \frac{l \times 10^3}{A} = \frac{P^2 l}{V^2 \cos^2\varnothing\, A} \times 10^3 [\text{W}] = \frac{P^2 \rho l}{V^2 \cos^2\varnothing\, A} [\text{kW}]$$

[답] ①

13. 전선의 중량은 전압×역률과 어떠한 관계가 있는가?
① 비례
② 반비례
③ 제곱에 비례
④ 제곱에 반비례

해설 13

$P_l = \dfrac{P^2 R}{V^2 \cos^2\theta} = \dfrac{P^2 \rho l}{V^2 \cos^2\theta\, A}$ 에서, 전선의 중량(단면적)은 $A = \dfrac{P^2 \rho l}{V^2 \cos^2\theta\, P_l}$ 이므로 전압 및 역률의 제곱에 반비례한다.

[답] ④

14. 수전단 3상 부하 P_r [W], 부하 역률 $\cos\theta_r$, 수전단 선간 전압 V_r [V], 선로의 저항 $R[\Omega]$이라 할 때 송전단 3상 전력 P_s [W]는?

① $P_s = P_r\left(1 + \dfrac{P_r R}{V_r^2 \cos^2\theta_r}\right)$ ② $P_s = P_r\left(1 + \dfrac{P_r R}{V_r \cos\theta_r}\right)$

③ $P_s = P_r(1 + P_r R \cos\theta_r)$ ④ $P_s = P_r\left(1 + \dfrac{P_r R \cos^2\theta_r}{V_r^2}\right)$

해설 14

$$P_s = P_r + P_l = P_r + \dfrac{P_r^2 R}{V_r^2 \cos^2\theta_r} = P_r\left(1 + \dfrac{P_r R}{V_r^2 \cos^2\theta_r}\right)$$

[답] ①

15. 송전 선로의 전압을 2배로 승압할 경우 동일 조건에서 공급 전력을 동일하게 취하면 선로 손실은 승압 전의 (㉠)배로 되고, 선로 손실률을 동일하게 취하면 전력은 승압 전의 (㉡)배로 된다.

① ㉠ $\dfrac{1}{4}$ ㉡ 4 ② ㉠ 4 ㉡ $\dfrac{1}{4}$

③ ㉠ $\dfrac{1}{4}$ ㉡ 2 ④ ㉠ 2 ㉡ $\dfrac{1}{2}$

해설 15

(1) 전력 손실과 전압 관계는,
$P_l \propto \dfrac{1}{V^2}$ 이므로 전압이 2배로 되면 전력 손실은 $\dfrac{1}{4}$로 감소한다.

(2) 공급 전력과 전압 관계는,
$P \propto V^2$ 이므로 전압이 2배로 되면 공급 전력은 4배로 증가한다.

[답] ①

16. 다음 (　) 안에 알맞은 것은?

"동일 배전 선로에서 전압만을 3.3[kV]에서 22.9[kV]로 승압할 경우 공급 전력을 동일하게 하면 선로의 전력 손실(율)은 승압 전의 (㉠)배로 되고, 선로의 전력 손실율을 동일하게 하면 공급 전력은 승압 전의 (㉡)배로 된다."

① ㉠ 약 $\frac{1}{7}$　㉡ 약 7
② ㉠ 약 48　㉡ 약 $\frac{1}{48}$
③ ㉠ 약 $\frac{1}{48}$　㉡ 약 48
④ ㉠ 약 $\frac{1}{48}$　㉡ 약 7

해설 16

(1) 전력 손실과 전압 관계는 $P_l \propto \dfrac{1}{V^2}$ 이므로, $\dfrac{P_{l2}}{P_{l1}} = \left(\dfrac{V_1}{V_2}\right)^2 = \left(\dfrac{3.3}{22.9}\right)^2 = \dfrac{1}{48}$

(2) 공급 전력과 전압 관계는 $P \propto V^2$ 이므로, $\dfrac{P_2}{P_1} = \left(\dfrac{V_2}{V_1}\right)^2 = \left(\dfrac{22.9}{3.3}\right)^2 = 48$

[답] ③

17. 154[kV]의 송전 선로의 전압을 345[kV]로 승압하고 같은 전력 손실률로 송전한다고 가정하면 송전 전력은 승압 전의 몇 배인가?

① 2　② 3　③ 4　④ 5

해설 17

송전 전력과 전압 관계는 $P \propto V^2$ 이므로, $\dfrac{P_2}{P_1} = \left(\dfrac{V_2}{V_1}\right)^2 = \left(\dfrac{345}{154}\right)^2 = 5$

[답] ④

18. 전력과 역률이 같을 때 전압을 n배 승압하면 전압 강하와 전력 손실은 어떻게 되는가?

① 전압 강하 : $\dfrac{1}{n}$, 전력 손실 : $\dfrac{1}{n^2}$

② 전압 강하 : $\dfrac{1}{n^2}$, 전력 손실 : $\dfrac{1}{n}$

③ 전압 강하 : $\dfrac{1}{n}$, 전력 손실 : $\dfrac{1}{n}$

④ 전압 강하 : $\dfrac{1}{n^2}$, 전력 손실 : $\dfrac{1}{n^2}$

해설 18

(1) 전압 강하와 전압은 반비례 관계로, 전압을 n배 승압하면 전압 강하는 $\dfrac{1}{n}$[배]

(2) 전력 손실과 전압은 제곱에 반비례 관계로, 전압을 n배 승압하면 전력 손실은 $\dfrac{1}{n^2}$[배]

[답] ①

19. 송전 전압을 높일 때 발생하는 경제적 문제 중 옳지 않은 것은?
① 선로의 전력 손실이 감소한다.
② 절연 애자의 개수가 증가한다.
③ 전력 기기의 값이 고가로 된다.
④ 보수 유지에 필요한 비용이 적어진다.

해설 19

송전 전압을 승압하면 각종 전력 기기의 보수 및 유지에 필요한 비용이 증가한다.

[답] ④

20. T형 회로의 일반 회로 정수에서 C는 무엇을 의미하는가?
   ① 저항   ② 리액턴스
   ③ 임피던스   ④ 어드미턴스

해설 20

4단자 정수의 물리적 의미
(1) A : 송·수전단 간의 전압 비   (2) B : 송·수전단 간의 임피던스
(3) C : 송·수전단 간의 어드미턴스   (4) D : 송·수전단 간의 전류 비

[답] ④

21. 송전 선로의 일반 회로 정수가 A=1, B=j190, D=1이라면 C의 값은 얼마인가?
   ① 0   ② -j0.00526   ③ j0.00526   ④ j190

해설 21

$AD - BC = 1$의 관계에 의하여, $C = \dfrac{AD-1}{B} = \dfrac{1 \times 1 - 1}{j190} = 0$

[답] ①

22. 일반 회로 정수가 A, B, C, D이고, 송전단 상 전압이 E_s인 경우 무부하시 충전 전류(송전단 전류)는?
   ① $\dfrac{C}{A}E_s$ ② $\dfrac{A}{C}E_s$ ③ ACE_s ④ CE_s

해설 22

- $E_s = AE_r + BI_r$, $I_s = CE_r + DI_r$의 식에서, 무부하의 경우 $I_r = 0$이므로 두 식은,
- $E_s = AE_r$, $I_s = CE_r$ 이 된다. 따라서, $\therefore I_s = C \times \dfrac{E_s}{A}$ 로 된다.

[답] ①

23. 일반 회로 정수가 A, B, C, D인 선로에 임피던스 $\dfrac{1}{Z_T}$인 변압기가 수전단에 접속된 계통의 일반 회로 정수 중 D_0는?

① $D_0 = \dfrac{C + DZ_T}{Z_T}$ ② $D_0 = \dfrac{C + AZ_T}{Z_T}$

③ $D_0 = \dfrac{D + CZ_T}{Z_T}$ ④ $D_0 = \dfrac{B + AZ_T}{Z_T}$

해설 23

$\begin{bmatrix} A_0 & B_0 \\ C_0 & D_0 \end{bmatrix} = \begin{bmatrix} A & B \\ C & D \end{bmatrix} \begin{bmatrix} 1 & \dfrac{1}{Z_T} \\ 0 & 1 \end{bmatrix} = \begin{bmatrix} A & \dfrac{A}{Z_T} + B \\ C & \dfrac{C}{Z_T} + D \end{bmatrix}$ 이므로, $D_0 = \dfrac{C}{Z_T} + D = \dfrac{C + DZ_T}{Z_T}$

[답] ①

24. 코로나 방지 대책으로 적당하지 않은 것은?

① 전선의 바깥 지름을 크게 한다.   ② 선간 거리를 증가시킨다.
③ 복도체를 사용한다.   ④ 가선 금구류를 개량한다.

해설 24

코로나 방지 대책
(1) 굵은 전선 사용   (2) 복도체 사용   (3) 가선 금구 개량

[답] ②

25. 송전선로에 코로나가 발생하였을 때 이점이 있다면 다음 중 어느 것인가?

① 계전기의 신호에 영향을 준다.
② 라디오 수신에 영향을 준다.
③ 전력선 반송에 영향을 준다.
④ 고전압의 진행파가 발생하였을 때 뇌서지에 영향을 준다.

해설 25

전선에서 코로나가 발생하면 여러 가지 장해가 발생하지만, 전선에 침입한 뇌서지의 파고값이 저감되는 장점이 있다.

[답] ④

26. 그림과 같이 4단자 정수가 A_1, B_1, C_1, D_1 인 송전선로의 양단에 Z_s, Z_r 의 임피던스를 갖는 변압기가 연결된 경우의 합성 4단자 정수 중 A 의 값은?

① $A = C_1$
② $A = B_1 + A_1 Z_r$
③ $A = A_1 + C_1 Z_s$
④ $A = D_1 + C_1 Z_r$

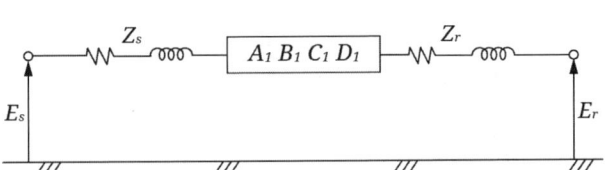

해설 26

$$\begin{bmatrix} A & B \\ C & D \end{bmatrix} = \begin{bmatrix} 1 & Z_s \\ 0 & 1 \end{bmatrix} \begin{bmatrix} A_1 & B_1 \\ C_1 & D_1 \end{bmatrix} \begin{bmatrix} 1 & Z_r \\ 0 & 1 \end{bmatrix} = \begin{bmatrix} A_1 + C_1 Z_s & A_1 Z_r + C_1 Z_s Z_r + B_1 + D_1 Z_s \\ C_1 & C_1 Z_r + D_1 \end{bmatrix}$$

에서, $A = A_1 + C_1 Z_s$

[답] ③

27. 그림과 같이 정수가 서로 같은 평행 2회선의 4단자 정수 중 C_0는?

① $\dfrac{C_1}{4}$ ② $\dfrac{C_1}{2}$
③ $2C_1$ ④ $4C_1$

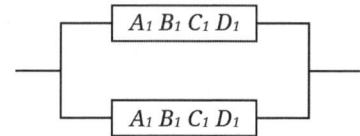

해설 27

1회선에서 2회선으로 변경된 경우 4단자 정수의 값은 각각,
(1) A(전압비) 및 D(전류비) : 불변
(2) B(임피던스) : 1/2[배]
(3) C(어드미턴스) : 2[배]

[답] ③

28. 그림과 같이 일반 회로 정수 A, B, C, D인 송전 선로에 변압기 임피던스 Z_r를 수전단에 접속했을 때 변압기 임피던스 Z_r를 포함한 새로운 회로 정수 D_0는? (단, 그림에서 I_s는 송전단 전압, 전류이고 E_R, I_R는 수전단 전압, 전류이다.)

① $B + AZ_r$
② $B + CZ_r$
③ $D + AZ_r$
④ $D + CZ_r$

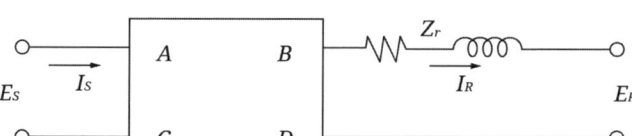

해설 28

$\begin{bmatrix} A_0 & B_0 \\ C_0 & D_0 \end{bmatrix} = \begin{bmatrix} A & B \\ C & D \end{bmatrix} \begin{bmatrix} 1 & Z_r \\ 0 & 1 \end{bmatrix} = \begin{bmatrix} A & AZ_r + B \\ C & CZ_r + D \end{bmatrix}$ 에서, $D_0 = CZ_r + D$

[답] ④

29. 정전압 송전 방식에서 전력 원선도를 그리려면 무엇이 주어져야 하는가?

① 송수전단 전압, 선로의 일반 회로정수
② 송수전단 전류, 선로의 일반 회로정수
③ 조상기 용량, 수전단 전압
④ 송전단 전압, 수전단 전류

> **해설 29**
>
> 전력 원선도는 $E_s = AE_r + BI_r$, $I_s = CE_r + DI_r$의 식에서, 송·수전단 전압(E_s, E_r), 선로의 회로정수 중 B 정수를 이용하여 원의 반지름 $\rho = \dfrac{E_s E_r}{B}$을 구하여 원의 형태로 그림을 그려서 계통을 해석하는 기법이다.
>
> [답] ①

30. 송수전단의 전압을 E_s, E_r이라고 하고, 4단자 정수를 A, B, C, D라 할 때 전력 원선도를 그릴 때의 반지름은?

① $\dfrac{E_r E_s}{A}$ ② $\dfrac{E_r E_s}{B}$ ③ $\dfrac{E_r E_s}{C}$ ④ $\dfrac{E_r E_s}{D}$

> **해설 30**
>
> 전력 원선도의 원의 반지름 $\rho = \dfrac{E_s E_r}{B}$
>
> [답] ②

31. 전력 원선도의 가로축과 세로축은 각각 다음 중 어느 것을 나타내는가?
① 진상전류와 지상전류
② 무효전력과 피상전력
③ 유효전력과 피상전력
④ 유효전력과 무효전력

해설 31

전력 원선도는,
(1) 가로축 : 유효전력[MW]
(2) 세로축 : 무효전력[MVar]를 표시한다.

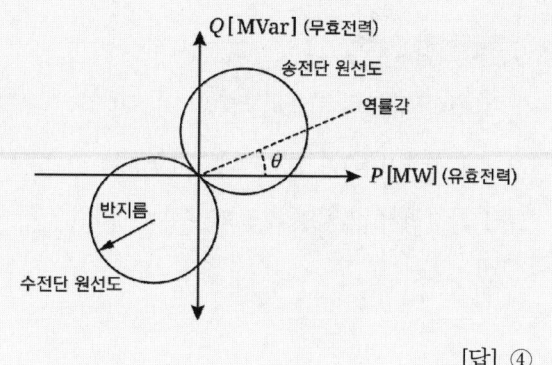

[답] ④

32. 동기 조상기에 대한 설명 중 맞는 것은?
① 무부하로 운전되는 동기 발전기로 역률을 개선한다.
② 무부하로 운전되는 동기 전동기로 역률을 개선한다.
③ 전부하로 운전되는 동기 발전기로 위상을 조정한다.
④ 전부하로 운전되는 동기 전동기로 위상을 조정한다.

해설 32

동기 조상기 : 무부하로 운전(역률 0인 상태)되는 동기 전동기로서,
진상 운전 및 지상 운전이 자유롭게 조정하여 역률을 개선시킨다.

[답] ②

33. 송전 선로의 송전 용량 결정에 관계가 없는 것은?
① 송수전단 전압의 상차각
② 조상기 용량
③ 송전 효율
④ 송전선의 충전 전류

해설 33

송전 용량 결정 조건
(1) 송수전단 전압의 상차각이 30~40° 정도로 적당할 것
(2) 조상 설비 용량이 유효 전력의 75[%] 정도로 적당할 것
(3) 전체적인 송전 효율이 90[%] 이상으로 적당할 것

[답] ④

34. 안정 권선(△ 권선)을 가지고 있는 대용량 고전압의 변압기가 있다. 조상용 전력용 콘덴서는 주로 어디에 접속되는가?
① 주변압기의 1차
② 주변압기의 2차
③ 주변압기의 3차(안정 권선)
④ 주변압기의 1차와 2차

해설 34

조상 설비는 변전소에 있는 3권선 변압기의 3차 측 권선(안정 권선)에 설치한다.

[답] ③

35. 조상 설비가 있는 1차 변전소에서 주변압기로 주로 사용되는 변압기는?
① 승압용 변압기
② 중권 변압기
③ 3권선 변압기
④ 단상 변압기

해설 35

조상 설비는 변전소에 있는 3권선 변압기의 3차 측 권선(안정 권선)에 설치한다.

[답] ③

36. 345[kV] 2회선 선로의 길이가 220[km]이다. 송전 용량 계수법에 의하면 송전 용량은 약 몇 [MW]인가? (단, 345[kV]의 송전 용량 계수는 1,200으로 한다.)

① 525   ② 650   ③ 1,050   ④ 1,300

해설 36

$P = k\dfrac{V^2}{l} = 1,200 \times \dfrac{345^2}{220} = 650 \, [\text{MW}]$ 인데, 이 값은 1회선인 경우의 송전 용량이고 문제 조건에서 2회선 선로라 하였으므로 전체 송전 용량은 $650 \times 2 = 1,300 \, [\text{MW}]$ 이다.

[답] ④

37. 다음은 무엇을 결정할 때 쓰이는 식인가?
(단, l은 송전 거리[km], P는 송전 전력[kW]이다.)

$$[\text{kV}] = 5.5\sqrt{0.6l + \dfrac{P}{100}}$$

① 송전 전압을 결정할 때
② 송전선의 굵기를 결정할 때
③ 전력용 콘덴서의 용량을 결정할 때
④ 발전소의 발전 전압을 결정할 때

해설 37

문제에 주어진 $[\text{kV}] = 5.5\sqrt{0.6l + \dfrac{P}{100}}$ 식은 A-Still 식으로서, 전력 계통의 가장 경제적인 송전 전압을 결정할 때 사용되는 식으로서, 경제적인 송전 전압이 결정되고 나면, 가장 적당한 송전 용량을 구할 수 있다.

[답] ①

38. 전송 전력이 400[MW], 송전 거리가 200[km]인 경우의 경제적인 송전 전압은 몇 [kV]인가? (단, A.Still 식에 의하여 산정할 것)
  ① 353　　　② 645　　　③ 173　　　④ 157

해설 38

$$V[\text{kV}] = 5.5\sqrt{0.6l + \frac{P}{100}} = 5.5 \times \sqrt{0.6 \times 200 + \frac{400 \times 10^3}{100}} = 353[\text{kV}]$$

[답] ①

39. 페란티 현상이 발생하는 원인은?
  ① 선로의 인덕턴스　　　② 선로의 정전용량
  ③ 병렬 콘덴서　　　　　④ 선로의 저항

해설 39

페란티 현상 : 심야의 무부하 시나 경부하 시에 선로와 대지 간의 대지 정전용량으로 인한 진상 전류에 의해서 수전단 전압이 송전단 전압보다 높아지는 이상 현상이다.

[답] ②

40. 초고압 장거리 송전 선로에 접속되는 1차 변전소에 병렬 리액터를 설치하는 목적은?
  ① 송전 용량의 증가　　　② 페란티 효과의 방지
  ③ 과도 안정도의 증대　　④ 전력 손실의 경감

해설 40

페란티 현상은 선로의 대지 정전용량으로 인한 진상전류에 의해서 발생되므로 이와 반대 작용을 하는 지상전류를 공급하는 분로(병렬) 리액터를 변전소에서 투입한다.

[답] ②

41. 변전소에 분로 리액터를 설치하는 주된 목적은?

① 지상 무효전력 보상 ② 전압 강하 방지
③ 전력 손실 경감 ④ 전류 강하 방지

해설 41

조상 설비의 역할
(1) 전력용 콘덴서 : 진상 무효전력 공급
(2) 분로 리액터 : 지상 무효전력 공급
(3) 동기 조상기 : 진상 및 지상 무효전력 공급

[답] ①

42. 조상 설비라고 할 수 없는 것은?

① 분로 리액터 ② 동기 조상기
③ 비동기 조상기 ④ 상순 표시기

해설 42

조상 설비의 종류
(1) 회전형 조상 설비 : 동기 조상기, 비동기 조상기
(2) 정지형 조상 설비 : 전력용 콘덴서, 분로 리액터

[답] ④

Chapter 04

중성점 접지방식과 유도장해

01. 중성점 접지 방식의 종류

02. 유도 장해

• 적중실전문제

Chapter 04 중성점 접지방식과 유도장해

01 중성점 접지 방식의 종류

중성점 접지 방식은 다음과 같이 임피던스의 종류에 따라서 4가지 방식으로 나뉜다.
① 직접 접지 ($Z=0$)
② 저항 접지 ($Z=R$)
③ 소호 리액터 접지 ($Z=j\omega L$)
④ 비 접지 ($Z=\infty$)

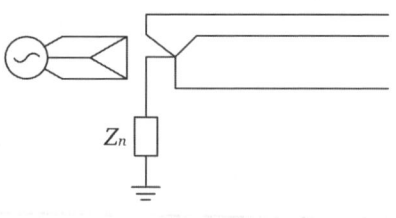

〈 접지 방식의 종류 〉

1) 비 접지 방식

변압기를 △ 결선한 후 변압기와 대지 사이를 $Z=\infty$ 즉, 접지선을 연결하지 않는 방식으로서 지락 사고 시 지락 전류가 매우 적은 특징이 있다.

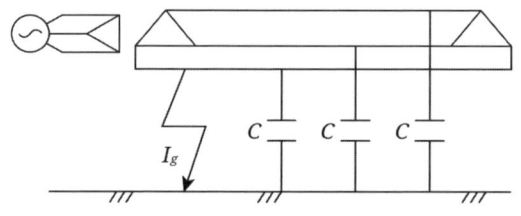

〈 비접지 방식의 계통도 〉

(1) 지락전류 : $I_g = \sqrt{3}\,\omega CV[\mathrm{A}]$

(2) 지락전류가 작아 계속 송전이 가능하다.

(3) 통신선에 대한 유도 장해가 적다.

(4) 변압기 1대 고장 시 V결선으로 송전 가능하다.

(5) 지락 사고 시 이상 전압이 크다.

(6) 접지(지락) 계전기 동작이 어렵다.

(7) 주로 저전압, 단거리 계통에 한해서 적용된다.

> **예제 1**
>
> 중성점 비접지 방식을 이용하는 것이 적당한 것은?
> ① 고전압 장거리 ② 고전압 단거리
> ③ 저전압 장거리 ④ 저전압 단거리
>
> 【해설】
> 비 접지 방식은 1선 지락 고장 시 지락 전류가 작은 특성을 이용한 접지 방식이므로, 지락 전류가 작은 조건인 저전압 계통의 단거리 선로에만 한정되어 적용해야 한다.
>
> [답] ④

2) 직접 접지 방식

변압기를 Y 결선한 후, 변압기 중성점과 대지 사이를 임피던스가 극히 적은 도선 ($Z=0$)으로 접지하는 방식으로서, 지락 사고 시 지락 전류가 매우 큰 특성이 있다.

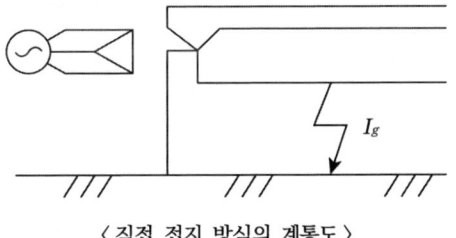

〈직접 접지 방식의 계통도〉

(1) 지락 전류가 매우 크다.

(2) 지락 사고 시 건전상 전위 상승이 작다.

(3) 기기의 단 절연, 저감 절연이 가능하다.

(4) 보호 계전기 동작이 확실하다.

(5) 과도 안정도가 나빠진다.

(6) 통신선에 대한 유도 장해가 크다.

(7) 지락 전류가 커서 기기에 주는 충격이 크다.

> **예제 2**
>
> 중성점 직접 접지방식에 대한 설명으로 틀린 것은?
> ① 지락 시의 지락전류가 크다.　　② 계통의 절연을 낮게 할 수 있다.
> ③ 지락 고장 시 중성점 전위가 높다.　④ 변압기의 단절연을 할 수 있다.
>
> 【해설】
> 직접 접지 방식은 1선 지락 시에 건전상의 대지 전압이 거의 상승하지 않아 변압기의 단절연이나 전력기기의 저감 절연이 가능해진다.
>
> [답] ③

3) 유효 접지 방식

(1) 지락 사고 시 건전상의 전압 상승이 어떠한 경우라도 평상시 대지 전압의 1.3배 이하가 되도록 한 직접 접지방식의 일종이다.

(2) 즉, 직접 접지방식이 이상전압이 매우 낮은 편이지만, 전력 계통에서 발생할 수 있는 모든 어떤 조건하에서도 이상전압이 평상시의 전압에 비해서 1.3배 이하가 되도록 중성점 접지 임피던스를 삽입한 접지방식이다.

(3) 유효 접지 조건

$$\cdot \frac{R_0}{X_1} \leq 1, \quad \cdot 0 \leq \frac{X_0}{X_1} \leq 3$$

> **예제 3**
>
> 송전 계통의 중성점 접지 방식에서 유효 접지라 하는 것은?
> ① 저항 접지 및 직접 접지를 말한다.
> ② 1선 지락 사고 시 건전상의 전위가 사용 전압의 1.3배 이하가 되도록
>   중성점 임피던스를 억제한 중성점 접지 방식을 말한다.
> ③ 리액터 접지방식 이외의 접지방식을 말한다.
> ④ 저항 접지를 말한다.
>
> 【해설】
> (1) 유효 접지 : 전력 계통의 1선 지락 사고 시 건전상의 전압 상승이 어떠한 경우라도 평상시 대지 전압의 1.3배 이하가 되도록 중성점 임피던스를 조절한 접지 방식이다.
> (2) 유효 접지 조건 : ・ $\frac{R_0}{X_1} \leq 1$　・ $0 \leq \frac{X_0}{X_1} \leq 3$
>
> [답] ②

4) 소호 리액터 접지 방식

전선의 대지 정전용량과 병렬 공진할 수 있는 리액터(지상)를 변압기 중성점과 대지 사이를 접지한 방식으로서 지락 전류가 최소이다.

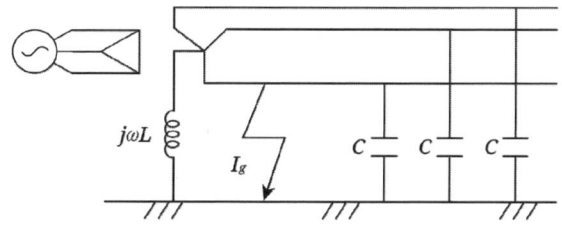

〈소호 리액터 접지 방식의 계통도〉

(1) 소호 리액터의 크기

- $\omega L = \dfrac{1}{3\omega C}\,[\Omega]$

(2) L과 C의 병렬 공진 이용으로 지락 전류가 최소이다.

(3) 지락 사고 시에도 계속 송전이 가능하다.

(4) 통신선에 대한 유도 장해가 매우 적다.

(5) 지락 사고 시 이상 전압이 최대로 크다. ($\sqrt{3}$ 배 이상)

(6) 과도 안정도가 우수하다.

(7) 보호 계전기 동작이 불확실하다.

(8) 접지방식 중에서 단선 고장 사고 시 이상전압이 가장 큰 편이다.

(9) 소호 리액터의 가격이 비싸다.

예제 4

소호 리액터 접지에 대해서 틀리는 것은?
① 지락전류가 작다.   ② 과도 안정도가 높다.
③ 전자 유도장애가 경감된다.   ④ 선택 지락 계전기의 동작이 용이하다.

【해설】
소호 리액터 접지방식은 대지 정전용량과 소호 리액터의 병렬 공진 원리를 이용하여 지락 전류의 경로를 완전 차단시키므로 지락전류가 최소가 되어 접지(지락) 계전기의 동작이 어렵다.

[답] ④

5) 중성점 잔류 전압

(1) 중성점 잔류 전압의 정의
   ① 송전선로에 있어 각 선의 정전용량은 다소간의 차이가 있어, 그 중성점은 어느 정도 값 이상의 전위가 발생한다.
   ② 이처럼 보통의 운전 상태에서, 중성점을 접지하지 않을 경우 중성점에 나타나는 전압을 중성점 잔류 전압이라 한다.

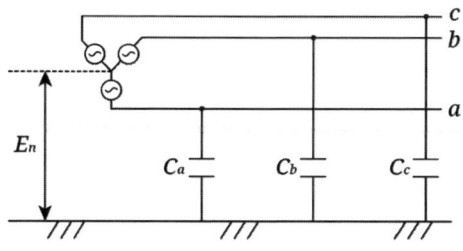

〈중성점 잔류 전압 개념도〉

(2) 중성점 잔류 전압 발생 원인
   ① 송전선의 3상 각상의 대지 정전 용량이 불균등($C_a \neq C_b \neq C_c$)일 경우 발생
   ② 차단기의 개폐가 동시에 이루어지지 않음에 따른 3상 간의 불평형
   ③ 단선 사고 등 계통의 각종 사고에 의해 발생

(3) 중성점 잔류 전압의 크기

$$E_n = \frac{\sqrt{C_a(C_a - C_b) + C_b(C_b - C_c) + C_c(C_c - C_a)}}{C_a + C_b + C_c} \times \frac{V}{\sqrt{3}}$$

(단, V : 선간 전압으로서, $V = \sqrt{3}\,E$)

(4) 중성점 잔류 전압 감소 대책

송전선로의 충분한 연가(Transposition) 실시
① 송전선을 그림과 같이 연가하여 대지 정전용량을 평형시킨다.
② 연가 방법 : 회전식, 점퍼식

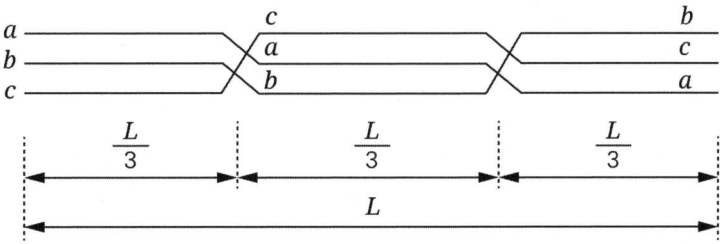

〈송전선로의 연가 실시〉

예제 5

66[kV] 송전선에서 연가 불충분으로 각 선의 대지 정전 용량이 $C_a = 1.1[\mu F]$, $C_b = 1[\mu F]$, $C_c = 0.9[\mu F]$가 되었다. 이때 잔류 전압[V]은?

① 1,500　　　② 1,800　　　③ 2,200　　　④ 2,500

【해설】

$$E_n = \frac{\sqrt{C_a(C_a - C_b) + C_b(C_b - C_c) + C_c(C_c - C_a)}}{C_a + C_b + C_c} \times \frac{V}{\sqrt{3}}$$

$$= \frac{\sqrt{1.1(1.1 - 1) + 1(1 - 0.9) + 0.9(0.9 - 1.1)}}{1.1 + 1 + 0.9} \times \frac{66,000}{\sqrt{3}} = 2,200[V]$$

[답] ③

02 유도 장해

1) 유도 장해의 종류

(1) 유도장해란, 전력선에서 발생하는 전계 및 자속이 근처에 가설된 통신선로에 영향을 미치는 현상이다.

(2) 정전 유도 장해 : 전력선과 통신선과의 상호 정전 용량(C)에 의해서 발생

(3) 전자 유도 장해 : 전력선과 통신선과의 상호 인덕턴스(M)에 의해서 발생

2) 정전 유도 장해

(1) 송전선의 영상 전압과 통신선의 상호 정전용량의 불평형에 의해 통신선에 유도되는 전압 (평상 시, 고장 시 모두 발생)

(2) 송전선로 경과지에 통신선로가 너무 근접되어 설치되어 있기 때문에 전력선과 통신선로 간의 상호 정전용량의 영향이 너무 심하게 작용하여 전력선에서 통신선로에 정전 유도전압이 유기되면서 유도 장해를 일으킨다.

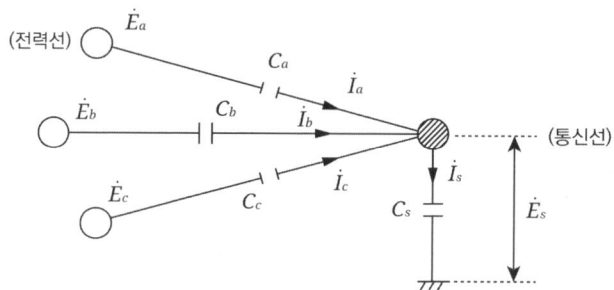

〈 전력선과 통신선 간의 정전 유도 장해 〉

(3) 정전 유도 전압의 크기

- $E_s = \dfrac{\sqrt{C_a(C_a-C_b)+C_b(C_b-C_c)+C_c(C_c-C_a)}}{C_a+C_b+C_c+C_s} \times \dfrac{V}{\sqrt{3}}$

(단, V : 선간 전압으로서, $V = \sqrt{3}\,E$)

(4) 정전 유도 장해 경감 대책

① 송전선의 완전 연가 실시 ($C_a = C_b = C_c \rightarrow \therefore E_s = 0$)
② 전력선과 통신선의 이격 거리 증대 (50m 이상)
③ 전력선 측 및 통신선에 적절한 차폐선 설치
④ 피유도 회선의 적당한 접지

3) 전자 유도 장해

(1) 전력선과 통신선의 상호 인덕턴스에 의해 유도되는 전압이다.

(2) 정상 시

- $E_m = -j\omega Ml(\dot{I}_a + \dot{I}_b + \dot{I}_c)$에서, $\dot{I}_a + \dot{I}_b + \dot{I}_c = 0$ $\therefore E_m = 0$

(3) 지락 고장 시

- $E_m = -j\omega Ml(\dot{I}_a + \dot{I}_b + \dot{I}_c) = -j\omega Ml \times 3I_0[\mathrm{V}]$ ($\therefore I_o = $ 영상 전류)

(4) 즉, 전자 유도 장해는 정전 유도 장해와는 달리 평상시 정상운전 상태에서는 발생하지 않으며, 지락 사고 발생 시에 발생하는 유도 장해 현상이다.

전자 유도 전압의 크기 : ・ $E_m = -j\omega Ml \times 3I_0[\mathrm{V}]$

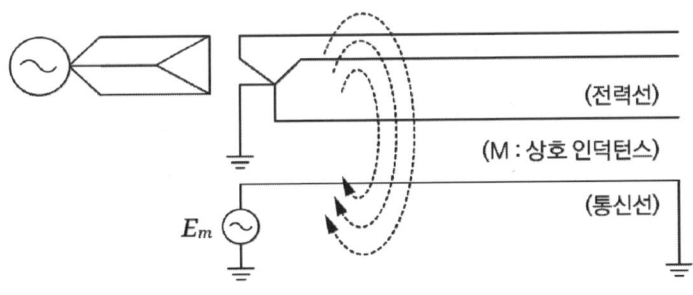

〈전자 유도 장해 현상〉

(5) 전자 유도 장해 저감 대책
- $E_m = -j\omega Ml \times 3I_o$ 에서 각 요소인 M, l, I_o를 3요소라 하며, 이 요소를 감소시키는 것이 전자유도 저감 대책이다.
① 통신선과의 병행 길이 단축
② 통신선과의 교차는 직각으로 실시
③ 차폐선(Shielding Wire)의 설치
④ 고장 회선의 신속한 차단 (고속도 차단)
⑤ 전력선의 지중선로 화
⑥ 중성점 접지 저항을 크게 하거나, 소호 리액터 접지 방식 채용
⑦ 통신선 도중에 절연 변압기 설치
⑧ 통신선로에 고성능 피뢰기(LA) 설치

예제 6

유도 장해를 방지하기 위한 전력선 측의 대책으로 옳지 않은 것은?
① 소호 리액터를 채용한다.
② 차폐선을 설치한다.
③ 중성점 전압을 가능한 한 높게 한다.
④ 중성점 접지에 고저항을 넣어서 지락 전류를 줄인다.

【해설】
전자 유도 장해를 억제하기 위한 전력선 측의 대책
(1) 통신선과의 병행 길이 단축
(2) 통신선과의 교차는 직각으로 실시
(3) 차폐선(Shielding Wire)의 설치
(4) 고장 회선의 신속한 차단 (고속도 차단)
(5) 전력선의 지중선로 화
(6) 중성점 접지 저항을 크게 하거나, 소호 리액터 접지 방식 채용

[답] ③

Chapter 04. 중성점 접지방식과 유도장해

적중실전문제

1. 송전 계통의 중성점을 접지하는 목적은?
① 송전 용량의 증대　　② 전압 강하의 감소
③ 이상 전압의 방지　　④ 유도 장해의 감소

> **해설 1**
> 전력 계통을 직접 접지(유효 접지)로 하게 되면 지락 사고 시에 건전상의 대지 전압을 낮게 억제할 수 있다.
> [답] ③

2. 송전선의 중성점을 접지하는 이유가 되지 못하는 것은 어느 것인가?
① 코로나 방지　　② 지락 전류의 감소
③ 이상 전압의 방지　　④ 지락 사고선의 선택 차단

> **해설 2**
> 코로나 현상을 방지하기 위해서는 굵은 전선을 사용하거나, 복도체(다도체) 전선을 사용하여야 하며, 중성점 접지와 코로나와는 전혀 무관하다.
> [답] ①

3. 송전선로의 중성점을 접지하는 목적과 관계가 없는 것은?
① 이상전압 발생의 억제　　② 과도 안정도의 증진
③ 송전 용량의 증가　　④ 보호 계전기의 신속, 확실한 동작

> **해설 3**
> 송전선로를 중성점 접지하였다고 해서 송전 용량이 증가된다는 것은 전혀 무관한 사항이다.
> [답] ③

4. 중성점 비접지 방식이 이용되는 방식은?
① 20~30[kV] 정도의 단거리 송전선
② 40~50[kV] 정도의 단거리 송전선
③ 60~70[kV] 정도의 중거리 송전선
④ 70~80[kV] 정도의 장거리 송전선

해설 4

비접지 방식은 지락 전류가 작아야 하므로 전압이 낮은 저전압 계통(30[kV] 이하)에서 선로 거리가 짧은 단거리(20~30[km] 이하)에 주로 적용된다.

[답] ①

5. 비접지식 송전 선로에 있어서 1선 지락 고장이 생겼을 경우, 지락점에 흐르는 전류는?
① 고장 상의 전압보다 90도 늦은 전류
② 고장 상의 전압보다 90도 빠른 전류
③ 고장 상의 전압과 동상의 전류
④ 직류

해설 5

비접지 방식에서 1선 지락 사고 시 고장 전류는 고장점을 통하여 대지를 경유해서 다시 대지와 전력선 간의 대지 정전용량을 통해서 흐르게 되므로 전압보다 위상이 90° 빠른 진상 전류가 흐른다.
(1) 지락 사고 전류 : 진상 전류
(2) 선간 단락 사고 : 지상 전류

[답] ②

6. 3,300[V] △ 결선 비접지 송전 선로에서 1선이 지락하면 전선로의 대지 전압은 몇 [V]까지 상승하는가?

① 4,125　　　② 4,950　　　③ 5,715　　　④ 6,600

> **해설 6**
>
> 비접지 방식은 1선 지락 고장 시 건전상의 대지 전위가 $\sqrt{3}$ 배 상승하므로,
> $V = 3,300 \times \sqrt{3} = 5,715[\text{V}]$
>
> [답] ③

7. 송전 선로에 3상 3선식 비접지 방식을 채용할 경우에 해당되지 않는 것은?

① 1선 지락 고장 시 고장 전류가 작다.
② 1선 지락 고장 시 인접 통신선의 유도 장해가 작다.
③ 고, 저압 혼촉 고장 시 건전상의 대지 전위 상승이 작다.
④ 1선 지락 고장 시 건전상의 대지 전위 상승이 작다.

> **해설 7**
>
> 비접지 방식은 1선 지락 고장 시 건전상의 대지 전위가 $\sqrt{3}$ 배 정도로 상승하게 되므로 이상 전압이 큰 편이다.
>
> [답] ④

8. 비접지 방식을 직접 접지 방식과 비교한 것 중 옳지 않은 것은?

① 전자 유도 장해가 경감된다.
② 지락 전류가 작다.
③ 보호 계전기의 동작이 확실하다.
④ △ 결선을 하여 영상 전류를 흘릴 수 있다.

> **해설 8**
>
> 비접지 방식은 지락 사고 시 지락 전류가 매우 작으므로, 지락(접지) 계전기의 동작이 곤란하다.
>
> [답] ③

9. 송전선로에서 1선 지락 시에 건전상의 전압 상승이 가장 적은 방식은?
① 비 접지 방식
② 직접 접지 방식
③ 저항 접지 방식
④ 소호 리액터 접지 방식

> **해설 9**
> 직접 접지 방식(유효 접지 방식)은 1선 지락 사고 시에 이상 전압이 1.3배 이하로 억제되는 접지방식이므로, 비접지 방식의 $\sqrt{3}$ (1.73) 배에 비하여 낮은 편이다.
>
> [답] ②

10. 송전 계통에 있어서 지락 보호 계전기의 동작이 가장 확실한 접지 방식은?
① 직접 접지방식
② 저 저항 접지 방식
③ 고 저항 접지 방식
④ 비 접지 방식

> **해설 10**
> 직접 접지 방식은 지락 사고 시 지락 전류가 매우 크므로 지락 전류에 의해서 동작하는 지락 보호 계전기의 동작이 정확하다.
>
> [답] ①

11. 선로, 기기 등의 저감 절연 및 전력용 변압기의 단절연을 모두 행할 수 있는 중성점 접지 방식은?
① 직접 접지 방식
② 소호 리액터 접지 방식
③ 비 접지 방식
④ 저항 접지 방식

> **해설 11**
> 직접 접지 방식은 지락 사고 시 건전상의 이상전압이 1.3배 이하로 낮은 편이므로, 변압기의 단절연이 가능하고 계통의 저감 절연이 가능한 접지 방식이다.
>
> [답] ①

12. 중성점 직접 접지 송전방식의 장점에 해당되지 않는 것은?

① 사용 기기의 절연 레벨을 경감시킬 수 있다.
② 1선 지락 고장 시 건전상의 전위 상승이 적다.
③ 1선 지락 고장 시 접지 계전기의 동작이 확실하다.
④ 1선 지락 고장 시 인접 통신선의 전자유도 장해가 적다.

해설 12

직접 접지 방식은 지락 사고 시 지락 전류가 매우 크므로 지락 전류($I_g = 3I_0$)에 의한 전력선 주변 통신선에 미치는 전자 유도장해 영향이 타 접지 방식에 비해서 매우 큰 편이다.

[답] ④

13. 직접 접지 방식이 초고압 송전선에 채용되는 이유 중 가장 적당한 것은?

① 지락 고장 시 주변 통신선에 유기되는 유도전압이 작기 때문이다.
② 지락 고장시의 지락 전류가 대단히 적기 때문이다.
③ 계통의 절연을 낮게 할 수 있기 때문이다.
④ 송전선의 안정도가 높기 때문이다.

해설 13

직접 접지 방식은 지락 사고 시 건전상의 이상전압이 1.3배 이하로 낮은 편이므로, 변압기의 단절연이 가능하고 계통의 저감 절연이 가능한 접지 방식이다.

[답] ③

14. 1선 지락 시 전압 상승을 상규 대지 전압의 1.3배 이하로 억제하기 위한 유효 접지에서는 다음과 같은 조건을 만족하여야 한다. 다음 중 옳은 것은?
(단, R_0 : 영상 저항, X_0 : 영상 리액턴스, X_1 : 정상 리액턴스)

① $\dfrac{R_0}{X_1} \leq 1$, $0 \geq \dfrac{X_0}{X_1} \geq 3$ ② $\dfrac{R_0}{X_1} \geq 1$, $0 \geq \dfrac{X_0}{X_1} \geq 3$

③ $\dfrac{R_0}{X_1} \leq 1$, $0 \leq \dfrac{X_0}{X_1} \leq 3$ ④ $\dfrac{R_0}{X_1} \geq 1$, $0 \leq \dfrac{X_0}{X_1} \leq 3$

해설 14

1선 지락 시 전압 상승을 상규 대지 전압의 1.3배 이하로 억제하기 위한 유효 접지 조건

- $\dfrac{R_0}{X_1} \leq 1$, $0 \leq \dfrac{X_0}{X_1} \leq 3$

[답] ③

15. 송전선로에 있어서 1선 지락의 경우 지락 전류가 가장 적은 중성점 접지 방식은 어느 것인가?
① 비접지   ② 직접 접지
③ 저항 접지   ④ 소호 리액터 접지

해설 15

소호 리액터 접지는 3선의 대지 정전용량과 병렬 공진하는 리액터로서 접지하는 방식으로, 전기적으로 리액터와 3선의 대지 정전용량이 소멸하므로 지락 전류의 통로가 상실되어 지락 사고 시 지락 전류가 가장 적은 접지 방식이다.

[답] ④

16. 소호 리액터를 송전 계통에 쓰면 리액터의 인덕턴스와 선로의 정전 용량이 다음의 어느 상태가 되어 지락 전류를 소멸시키는가?

① 병렬 공진 ② 직렬 공진
③ 고 임피던스 ④ 저 임피던스

> **해설 16**
> 소호 리액터 접지는 3선의 대지 정전용량과 병렬 공진하는 리액터로서 접지하는 방식이다.
> [답] ①

17. 소호 리액터 접지에 대해서 틀리는 것은?

① 지락전류가 작다.
② 과도 안정도가 높다.
③ 전자 유도장해가 경감된다.
④ 선택 지락 계전기의 동작이 용이하다.

> **해설 17**
> 소호 리액터 접지는 지락 전류가 가장 적은 접지 방식으로서 지락 계전기의 동작이 곤란하다.
> [답] ④

18. 송전 선로에서 단선 고장 시 이상 전압이 가장 큰 접지 방식은?

① 비접지 방식 ② 직접 접지방식
③ 저항 접지방식 ④ 소호 리액터 접지방식

> **해설 18**
> 소호 리액터는 단선 고장 시 리액터와 정전용량이 서로 직렬 공진 상태가 되어 이상 전압이 가장 크게 되므로, 소호 리액터 공진점을 약간 벗어나게 하는 과보상 상태로 조절하여 둔다.
> [답] ④

19. 소호 리액터 접지방식에서 10[%] 정도의 과보상을 한다고 할 때 사용되는 탭의 크기로 일반적인 것은?

① $\omega L > \dfrac{1}{3\omega C}$ ② $\omega L < \dfrac{1}{3\omega C}$

③ $\omega L > \dfrac{1}{3\omega^2 C}$ ④ $\omega L < \dfrac{1}{3\omega^2 C}$

해설 19

(1) $\omega L < \dfrac{1}{3\omega C}$: 과 보상   (2) $\omega L > \dfrac{1}{3\omega C}$: 부족 보상

[답] ②

20. 1상의 대지 정전 용량이 0.5[μF], 주파수 60[Hz]인 3상 송전선이 있다. 이 선로에 소호 리액터를 설치한다면, 소호 리액터의 공진 리액턴스는 약 몇 [Ω]이면 되는가?

① 970   ② 1,370   ③ 1,770   ④ 3,570

해설 20

$\omega L = \dfrac{1}{3\omega C} = \dfrac{1}{3 \times 2\pi \times 60 \times 0.5 \times 10^{-6}} = 1{,}770[\Omega]$

[답] ③

21. 1상의 대지 정전 용량이 0.4[μF], 주파수 60[Hz]의 3상 송전선의 소호 리액터의 리액턴스는? (단, 소호 리액터를 접지시키는 변압기의 1상당의 리액터는 9[Ω]이다.)

① 1,665   ② 1,668   ③ 2,138   ④ 2,207

해설 21

$\omega L = \dfrac{1}{3\omega C} - \dfrac{X_t}{3} = \dfrac{1}{3 \times 2\pi \times 60 \times 0.4 \times 10^{-6}} - \dfrac{9}{3} = 2{,}207[\Omega]$

[답] ④

22. 1상의 대지 정전용량 0.53[μF], 주파수 60[Hz]의 3상 송전선이 있다. 이 선로에 소호 리액터를 설치하고자 한다. 소호 리액터의 10[%] 과보상 탭의 리액턴스는 약 몇 [Ω]인가? (단, 소호 리액터를 접지시키는 변압기 1상당의 리액턴스는 9[Ω]이다.)

① 505　　　　② 806　　　　③ 1,498　　　　④ 1,514

해설 22

$$\omega L = \frac{1}{1.1}\left(\frac{1}{3\omega C} - \frac{X_t}{3}\right) = \frac{1}{1.1}\left(\frac{1}{3\times 2\pi \times 60 \times 0.53 \times 10^{-6}} - \frac{9}{3}\right) = 1,514[\Omega]$$

[답] ④

23. 평형 3상 송전선에서 보통의 운전 상태인 경우 중성점 전위는 항상 얼마인가?

① 0　　　　② 5　　　　③ 10　　　　④ 15

해설 23

평형 상태에서는 3상의 전압을 합하면 0이 된다.

[답] ①

24. 그림에서 B 및 C상의 대지 정전용량을 $C[\mu F]$, A상의 정전용량을 0, 선간전압을 V[V]라 할 때 중성점과 대지 사이의 잔류전압 E_n은 몇 [V]인가?
(단, 선로의 직렬 임피던스는 무시한다.)

① $\dfrac{V}{2}$ ② $\dfrac{V}{\sqrt{3}}$

③ $\dfrac{V}{2\sqrt{3}}$ ④ $2V$

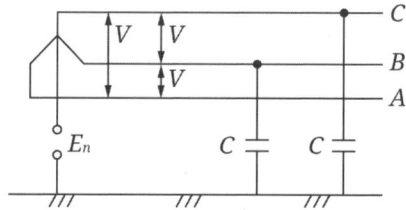

해설 24

$$E_n = \dfrac{\sqrt{C_a(C_a - C_b) + C_b(C_b - C_c) + C_c(C_c - C_a)}}{C_a + C_b + C_c} \times \dfrac{V}{\sqrt{3}}$$

$$= \dfrac{\sqrt{0(0-C) + C(C-C) + C(C-0)}}{0 + C + C} \times \dfrac{V}{\sqrt{3}} = \dfrac{CV}{2C \times \sqrt{3}} = \dfrac{V}{2\sqrt{3}}$$

[답] ③

25. 전력선 a의 충전 전압을 E, 통신선 b의 대지 정전 용량을 C_b, ab 사이의 상호 정전용량을 C_{ab}라고 하면 통신선 b의 정전 유도 전압 E_s는?

① $\dfrac{C_{ab} + C_b}{C_b} E$ ② $\dfrac{C_{ab} + C_a}{C_{ab}} E$

③ $\dfrac{C_b}{C_{ab} + C_b} E$ ④ $\dfrac{C_{ab}}{C_{ab} + C_b} E$

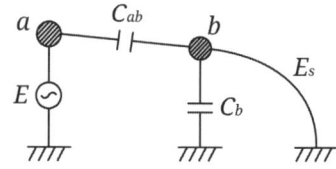

해설 25

문제에 주어진 그림에서 통신선(b)에 대해서 전압 분배의 법칙을 적용하여 E_s를 구해보면,

$E_s = \dfrac{C_{ab}}{C_{ab} + C_b} \times E$ 가 된다.

[답] ④

26. 송전선로에 근접한 통신선에 유도장해가 발생하였다. 정전유도의 원인은?
  ① 영상 전압
  ② 역상 전압
  ③ 역상 전류
  ④ 정상 전류

해설 26

정전 유도장해는 상호 정전용량에 의한 영상 전압(V_0)이 주 원인이다.

[답] ①

27. 3상 송전선로와 통신선이 병행되어 있는 경우에 통신 유도 장해로서 통신선에 유도되는 정전 유도 전압은?
  ① 통신선의 길이에 비례한다.
  ② 통신선의 길이의 자승에 비례한다.
  ③ 통신선의 길이에 반비례한다.
  ④ 통신선의 길이와는 무관하다.

해설 27

통신선에 유기되는 정전 유도전압은,

$$E_n = \frac{\sqrt{C_a(C_a - C_b) + C_b(C_b - C_c) + C_c(C_c - C_a)}}{C_a + C_b + C_c} E$$

으로서 통신 선로의 길이와는 관계가 없다.

[답] ④

28. 전력선에 의한 통신 선로의 전자 유도장해의 발생 요인은 주로 어떤 것인가?
  ① 전력선의 전압이 통신 선로보다 높기 때문이다.
  ② 통신 선로에 영상 전류가 흐르기 때문이다.
  ③ 전력선 측의 연가가 충분히 실시하였기 때문이다.
  ④ 전력선과 통신 선로 사이의 차폐 효과가 충분하였기 때문이다.

해설 28

(1) 정전 유도장해의 원인 : 상호 정전용량에 의한 영상 전압(V_0)
(2) 전자 유도장해의 원인 : 상호 인덕턴스에 의한 영상 전류(I_0)

[답] ②

29. 유도 장해의 방지 대책 중에서 차폐선을 이용하면 전자 유도전압을 몇 [%] 정도 줄일 수 있는가?

① 30~50   ② 60~70   ③ 80~90   ④ 90~100

해설 29

차폐선은 전력선 측에서 취하는 전자 유도장해 경감 대책으로서, 차폐선을 설치하면 통상적으로 전자 유도전압을 50[%] 정도 경감 효과가 있다.

[답] ①

Chapter 05

전력 계통의 안정도

01. 안정도 종류

02. 안정도 향상 대책

- 적중실전문제

Chapter 05 전력 계통의 안정도

01 안정도 종류

1) 안정도의 정의

전력 계통의 어떠한 운전 조건하에서도 아무런 이상 없이 부하에 전력 공급을 지속할 수 있는 능력을 말한다.

2) 안정도의 종류

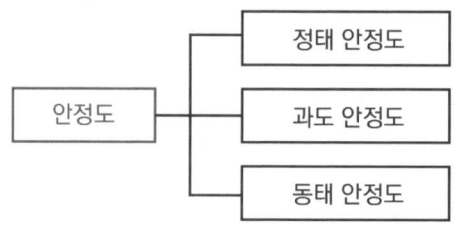

(1) 정태 안정도
   계통에 아무런 사고가 발생하지 않은 상태에서 완만한 부하 변화 시의 전력 공급 능력

(2) 과도 안정도
   계통에서 갑작스런 사고가 발생하거나, 급격한 부하의 변화가 발생했을 때의 전력 공급 능력

(3) 동태 안정도
   발전기에 자동 전압 조정장치(AVR)와 전기식 고성능 조속기를 설치하였을 때의 전력 공급 능력

3) 전력 계통의 공급 전력 식 (안정도 관련 식)

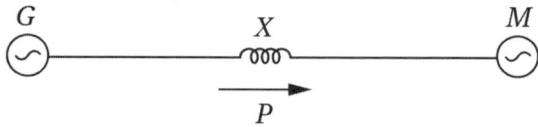

- $P = \dfrac{E_G E_M}{X} \sin\theta \,[\text{MW}]$

예제 1

과도 안정 극한 전력이란?
① 부하가 서서히 감소할 때의 극한 전력
② 부하가 서서히 증가할 때의 극한 전력
③ 부하가 갑자기 사고가 났을 때의 극한 전력
④ 부하가 변하지 않을 때의 극한 전력

【해설】
과도 안정도는 계통에서 갑작스런 사고가 발생하여 계통의 상태가 과도 상태가 되었을 경우의 안정도를 말한다.　　　　　　　　　　　　　　　　　　　　　　　　　　　　　　　[답] ③

02 안정도 향상 대책

계통의 안정도를 향상시키는 방법은 앞에서의 안정도 식에서 전압(E)을 크게 하거나, 발전단과 부하 간의 위상차 각(θ)을 증가시키거나, 계통의 전달 리액턴스(X)를 감소시키는 대책을 세운다.

(1) 전력 계통의 승압 (154[kV] → 345[kV] → 765[kV])
(2) 발전기에 속응 여자 방식의 채용
(3) 전력 계통 간의 연계
(4) 발전소에 제동 저항기(SDR) 설치
(5) 발전기나 변압기의 리액턴스가 작은 것 채용
(6) 선로에 직렬 콘덴서 설치
(7) 선로에 복도체(다도체) 채용
(8) 보호 계전기 및 차단기의 고속도화, 고속도 재폐로 실시
(9) 발전기의 단락비 증대
(10) 고저항 접지 및 소호 리액터 접지 방식 채용

예제 2

송전 계통의 안정도 향상 대책과 관계가 없는 것은?
① 속응 여자 방식의 채용
② 재폐로 방식의 채용
③ 역률의 신속한 조정
④ 리액턴스 조정

【해설】
계통의 역률 조정과 안정도와는 전혀 무관하다.　　　　　　　　　　　　　　　　[답] ③

Chapter 05. 전력 계통의 안정도
적중실전문제

★★☆☆☆

1. 송전 선로의 정상 상태 극한(최대) 송전 전력은 선로 리액턴스와 대략 어떤 관계가 성립하는가?
① 송·수전단 사이의 선로 리액턴스에 비례한다.
② 송·수전단 사이의 선로 리액턴스에 반비례한다.
③ 송·수전단 사이의 선로 리액턴스의 제곱에 반비례한다.
④ 송·수전단 사이의 선로 리액턴스의 제곱에 비례한다.

해설 1

$P = \dfrac{E_s E_r}{X} \sin\theta$ 에서 최대 전력은 $\theta = 90°$ 일 때이므로, $P_m = \dfrac{E_s E_r}{X}$ 으로서 선로의 전달 리액턴스 X에 반비례한다.

[답] ②

★★★★★

2. 송전선의 안정도를 증진시키는 방법으로 맞는 것은?
① 발전기의 단락비를 작게 한다.
② 선로의 회선수를 감소시킨다.
③ 전압 변동을 작게 한다.
④ 리액턴스가 큰 변압기를 사용한다.

해설 2

안정도 향상 대책
(1) 승압
(2) 계통 연계
(3) 전력기기의 리액턴스 작은 것 채용
(4) 속응 여자기 채용
(5) 직렬 콘덴서 설치
(6) 복도체(다도체) 사용
(7) 제동 저항기 설치
(8) 고속도 재폐로 실시
(9) 보호 계전기, 차단기의 고속도화
(10) 발전기의 단락비 증대
(11) 계통의 전압 변동 억제
(12) 고저항이나 소호 리액터 접지방식 채용

[답] ③

3. 송전 계통의 안정도를 증진시키는 방법이 아닌 것은?
① 전압 변동을 작게 한다.
② 직렬 리액턴스를 크게 한다.
③ 제동 저항기를 설치한다.
④ 동기기의 임피던스를 감소시킨다.

해설 3

$P = \dfrac{E_s E_r}{X} \sin\theta$ 에서 직렬 리액턴스를 크게 하면 안정도가 더욱 저하된다. [답] ②

4. 전력 계통의 안정도 향상 대책으로 옳지 않은 것은?
① 계통의 직렬 리액턴스를 작게 한다.
② 고속도 재폐로 방식을 채용한다.
③ 지락전류를 크게 하기 위하여 직접 접지방식을 채용한다.
④ 고속도 차단 방식을 채용한다.

해설 4

안정도를 향상시키기 위하여 직접 접지방식 대신에 고저항 접지나 소호 리액터 접지방식을 채용한다. [답] ③

5. 송전 계통의 안정도 향상대책으로 적당하지 않은 것은?
① 직렬 콘덴서로 선로의 리액턴스를 보상한다.
② 기기의 리액턴스를 감소시킨다.
③ 발전기의 단락비를 작게 한다.
④ 계통을 연계한다.

해설 5

계통의 안정도를 향상시키기 위해서는 발전기의 단락비를 크게 하여야 한다. [답] ③

6. 중간 조상 방식이란 무엇인가?
 ① 송전 선로의 중간에 직렬 콘덴서 삽입
 ② 송전 선로의 중간에 분로 리액터 설치
 ③ 송전 선로 중간에 동기 조상기 연결
 ④ 송전 선로의 중간에 개폐소 설치

> **해설 6**
> 중간 조상 방식이란, 송전 선로의 중간에 동기 조상기를 설치해서 선로에서 발생하는 전압 강하로 인한 수전단 전압이 저하되는 부분을 보상하여 안정도를 향상시키는 방법이다.
>
> [답] ③

7. 차단기의 고속도 재폐로의 목적은?
 ① 고장의 신속한 제거
 ② 안정도 향상
 ③ 기기의 보호
 ④ 고장 전류 억제

> **해설 7**
> 고속도 재폐로란, 계통의 순간 사고 시 사고 구간을 신속히 제거하여 정전 시간을 가능한 한 단축시킴으로써 안정도를 향상시키는 목적이다.
>
> [답] ②

8. 전력 계통에서 안정도란 주어진 운전 조건하에서 계통이 운전을 계속할 수 있는가의 능력을 말한다. 다음 중 안정도의 구분에 포함되지 않는 것은?
 ① 동태 안정도
 ② 과도 안정도
 ③ 정태 안정도
 ④ 동기 안정도

> **해설 8**
> 안정도의 종류
> (1) 정태 안정도 (2) 과도 안정도 (3) 동태 안정도
>
> [답] ④

9. 정상적으로 운전하고 있는 전력계통에서 서서히 부하를 조금씩 증가했을 경우 안정 운전을 지속할 수 있는 능력을 무엇이라 하는가?
   ① 동태 안정도
   ② 정태 안정도
   ③ 고유 과도 안정도
   ④ 동적 과도 안정도

   해설 9

   정태 안정도 : 전력 계통이 아무런 이상 없이 부하가 완만하게 변할 경우의 전력 공급을 지속할 수 있는 능력을 말한다.　　　　　　　　　　　　　　　　　　　　　　　[답] ②

10. 단도체 방식과 비교하여 복도체 방식의 송전 선로를 설명한 것으로 옳지 않은 것은?
    ① 전선의 인덕턴스가 감소하고, 정전용량이 증가한다.
    ② 선로의 송전 용량이 증가한다.
    ③ 계통의 안정도를 증진시킨다.
    ④ 전선 표면의 전위경도가 저감되어 코로나 임계 전압을 낮출 수 있다.

    해설 10

    복도체(다도체)를 사용할 경우의 특성
    (1) 인덕턴스 감소, 정전용량 증가
    (2) 송전 용량의 증가로 안정도 향상
    (3) 코로나 임계 전압의 증가로 코로나 방지　　　　　　　　　　　　　　　　　[답] ④

11. 송·배전 계통에서의 안정도 향상 대책이 아닌 것은?
    ① 병렬 회선수 증가
    ② 병렬 콘덴서 설치
    ③ 속응 여자방식 채용
    ④ 기기의 리액턴스 감소

    해설 11

    안정도를 향상시키기 위해서는 콘덴서를 선로에 병렬이 아닌 직렬로 설치하여야 한다.
    　　　　　　　　　　　　　　　　　　　　　　　　　　　　　　　　　　　　[답] ②

Chapter 05. 전력 계통의 안정도

12. 송전 계통의 안정도 증진 방법으로 틀린 것은?
① 직렬 리액턴스를 작게 한다.
② 중간 조상방식을 채용한다.
③ 계통을 연계한다.
④ 원동기의 조속기 작동을 느리게 한다.

해설 12

발전소에 설치되어 있는 조속기의 동작 속도를 신속히 하여야 발전 출력의 조정이 신속하므로 안정도가 향상된다. [답] ④

13. 무손실 송전선로에서 송전할 수 있는 송전 용량은?
(단, E_s : 송전단 전압, E_R : 수전단 전압, δ : 부하각, X : 송전 선로의 리액턴스, R : 송전 선로의 저항, Y : 송전 선로의 어드미턴스이다.)

① $\dfrac{E_s E_R}{X} \sin\delta$
② $\dfrac{E_s E_R}{R} \sin\delta$
③ $\dfrac{E_s E_R}{Y} \sin\delta$
④ $\dfrac{E_s E_R}{X} \cos\delta$

해설 13

안정도에 의한 송전 용량 관계식 : $P = \dfrac{E_s E_R}{X} \sin\delta$ [답] ①

14. 송전단 전압 161[kV], 수전단 전압 154[kV], 상차각 45°, 리액턴스 14.14[Ω]일 때, 선로 손실을 무시하면 전송 전력은 약 몇 [MW]인가?
① 1,753　　② 1,518　　③ 1,240　　④ 877

해설 14

$P = \dfrac{E_s E_R}{X} \sin\delta = \dfrac{161 \times 154}{14.14} \times \sin 45° = 1{,}240 [\text{MW}]$ [답] ③

Chapter 06

고장 계산

01. 3상 단락 고장 계산 (평형 고장)

02. 대칭 좌표법 (불평형 고장 계산 방법)

- 적중실전문제

Chapter 06 고장 계산

01 3상 단락 고장 계산 (평형 고장)

1) 3상 단락 고장 계산 방법

(1) 옴(Ω) 법

회로이론에서 옴의 법칙으로 적용하여 계통의 전압을 임피던스로 나누어서 단락 전류를 계산하는 방법이다.

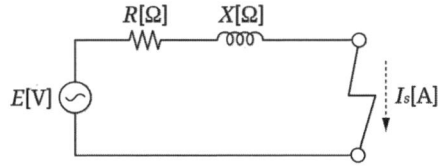

〈옴 법에 의한 단락 고장 계산 개념도〉

① 단락 전류 : $I_s = \dfrac{E}{Z} = \dfrac{E}{\sqrt{R^2 + X^2}}$ [A]

② 3상 단락 용량 : $P_s = \sqrt{3}\, V I_s$ [kVA]

  단, V : 단락점의 선간 전압[kV]

    Z : 단락 지점에서 전원 측을 본 계통 임피던스[Ω]

(2) % 임피던스(%Z) 법

계통 임피던스의 크기를 옴[Ω] 값을 계통의 정격 전압에 비례한 %Z 값으로 환산하여 단락 전류를 구하는 방법이다.

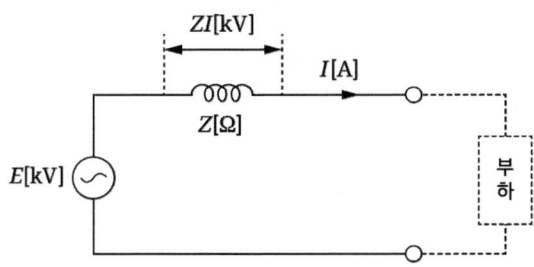

① % 임피던스 환산 공식 : $\%Z = \dfrac{P[\text{kVA}] \times Z[\Omega]}{10\,V^2[\text{kV}]}$

② 단락 전류 : $I_s = \dfrac{100}{\%Z} I_n = \dfrac{100}{\%Z} \times \dfrac{P_n}{\sqrt{3}\,V_n}\,[\text{A}]$

③ 3상 단락 용량 : $P_s = \dfrac{100}{\%Z} P_n\,[\text{kVA}]$

단, P_n : 기준 용량[kVA]

예제 1

3상 송전 선로의 선간 전압을 100[kV], 3상 기준 용량을 10,000[kVA]로 할 때, 선로 리액턴스 (1선당) 100[Ω]을 % 임피던스로 환산하면 얼마인가?
① 5[%]   ② 10[%]   ③ 20[%]   ④ 50[%]

【해설】

$\%Z = \dfrac{PZ}{10\,V^2} = \dfrac{10{,}000 \times 100}{10 \times 100^2} = 10[\%]$

[답] ②

02 대칭 좌표법 (불평형 고장 계산 방법)

1) 대칭 좌표법의 정의

(1) 1선 지락 등 불평형 고장 계산은 매우 복잡하므로, 대칭 좌표법으로 구해야 한다.

(2) 대칭 좌표법은 고장 계산을 직접 하는 것이 아니고, 사고 성분을 영상분 (V_0, I_0), 정상분(V_1, I_1), 역상분(V_2, I_2)으로 나누어서 따로 따로 계산한 후에 이들을 중첩하여 고장 계산하는 방법이다.

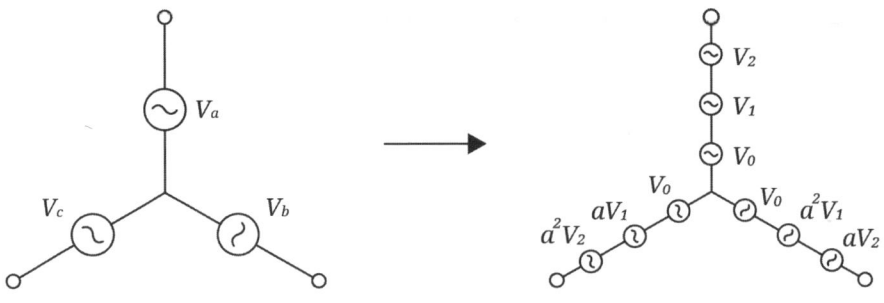

⟨ 3상 전원의 대칭분 표현 ⟩

2) 3상의 대칭분 표현 식 및 대칭 성분

(1) 3상 전원의 대칭분 표현 :
$$\begin{cases} V_a = V_0 + V_1 + V_2 \\ V_b = V_0 + a^2 V_1 + a V_2 \\ V_c = V_0 + a V_1 + a^2 V_2 \end{cases}$$

(2) 대칭분 표현 :
$$\begin{cases} V_0 = \dfrac{1}{3}(V_a + V_b + V_c) \\ V_1 = \dfrac{1}{3}(V_a + a V_b + a^2 V_c) \\ V_2 = \dfrac{1}{3}(V_a + a^2 V_b + a V_c) \end{cases}$$

예제 2

A, B 및 C상 전류를 각각 I_a, I_b, I_c라 할 때,
$I_x = \dfrac{1}{3}(I_a + a^2 I_b + a I_c)$, $a = -\dfrac{1}{2} + j\dfrac{\sqrt{3}}{2}$ 으로 표시되는 I_x는 어떤 전류인가?

① 정상 전류 ② 역상 전류
③ 영상 전류 ④ 역상 전류와 영상 전류의 합계

【해설】
전류에 대한 대칭분은 각각, (1) 영상 전류 : $I_0 = \dfrac{1}{3}(I_a + I_b + I_c)$

(2) 정상 전류 : $I_1 = \dfrac{1}{3}(I_a + a I_b + a^2 I_c)$

(3) 역상 전류 : $I_2 = \dfrac{1}{3}(I_a + a^2 I_b + a I_c)$

[답] ②

3) 대칭 좌표법에 의한 고장 계산 흐름도

(1) 사고 종류에서 기지값과 미지값을 산출한다.

(2) 기지값에서 대칭분 전압(V_0, V_1, V_2) 및 대칭분 전류(I_0, I_1, I_2)를 구한다.

(3) 이를 발전기 기본식에 대입하여 실제의 전압, 전류를 계산한다.

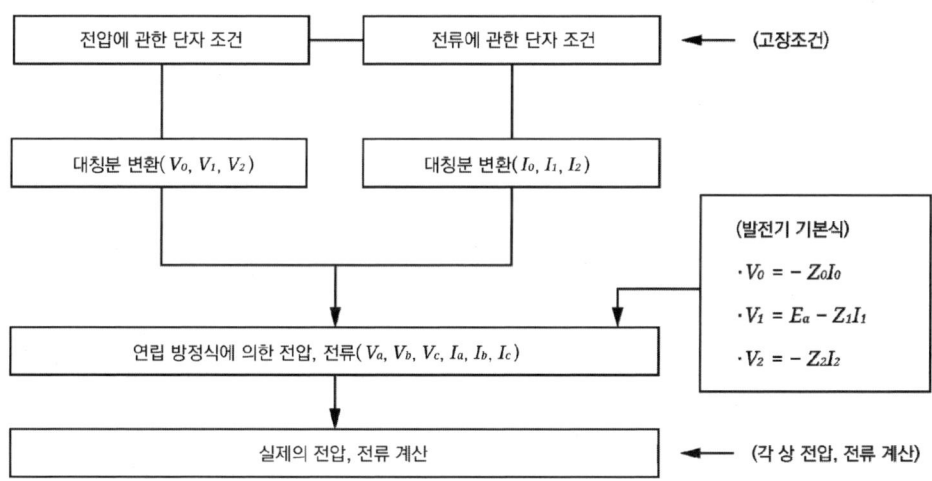

〈 대칭 좌표법 개념도 〉

(4) 발전기 기본식
- $V_0 = -Z_0 I_0$
- $V_1 = E_a - Z_1 I_1$
- $V_2 = -Z_2 I_2$

예제 3

단자 전압의 각 대칭분 V_0, V_1, V_2가 0이 아니고 같게 되는 고장의 종류는?
① 1선지락　　② 선간 단락　　③ 2선 지락　　④ 3선 단락

【해설】
2선 지락사고의 해석
  (1) 기지값, 미지값의 결정
    ❶ 기지값 : $\dot{V}_b = \dot{V}_c = 0$, $\dot{I}_a = 0$
    ❷ 미지값 : $\dot{I}_b$, $\dot{I}_c$, $\dot{V}_a$

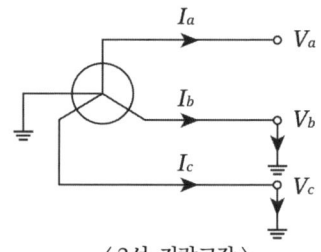

〈 2선 지락고장 〉

  (2) 대칭분 전압 산출
- $V_0 = \dfrac{1}{3}(V_a + V_b + V_c) = \dfrac{1}{3}V_a$
- $V_1 = \dfrac{1}{3}(V_a + aV_b + a^2 V_c) = \dfrac{1}{3}V_a$
- $V_2 = \dfrac{1}{3}(V_a + a^2 V_b + aV_c) = \dfrac{1}{3}V_a$

$\therefore V_0 = V_1 = V_2 = \dfrac{1}{3}V_a$

[답] ③

4) 대칭분 전류의 의미(역할)

(1) 정상 전류 : I_1
  ① 평형 3상 교류로서 전원과 동일한 상회전 방향으로 이 전류가 전동기에 흐르면 전동기에 정상 토크를 일으키는 전류
  ② 평상시에나 고장 시에나 항상 존재하는 성분

(2) 영상 전류 : I_0
  ① 크기가 같고 위상차가 없는 단상 전류로서, 지락 사고 시 지락(접지) 계전기를 동작시키는 전류로서 통신선에 전자 유도장해를 일으키는 전류
  ② 지락 사고(1선 지락, 2선 지락) 시에 존재하는 성분

(3) 역상 전류 : I_2
  ① 평형 3상 교류로서 전원과 동일한 상회전 방향으로 전동기에 역상 토크를 일으켜 이 전류가 전동기에 흐르면 전동기의 제동력을 일으키는 전류
  ② 불평형 사고(1선 지락, 2선 지락, 선간 단락) 시에 존재하는 성분

(4) 사고 종류에 따른 대칭분 존재 여부
  ① 1선 지락 및 2선 지락 사고 : 영상분, 정상분, 역상분
  ② 선간 단락 사고 : 정상분, 역상분
  ③ 3상 단락 사고 : 정상분

예제 4

선간 단락 고장을 대칭 좌표법으로 해석할 경우 필요한 것은?
① 정상 임피던스도 및 역상 임피던스도
② 정상 임피던스도
③ 정상 임피던스도 및 영상 임피던스도
④ 역상 임피던스도 및 역상 임피던스도

【해설】
선간 단락 사고는 지락 사고는 아니므로 영상분은 존재하지 않지만, 불평형 사고이므로 역상분은 존재하여야 한다. 따라서, 선간 단락 고장을 대칭 좌표법으로 해석할 경우 필요한 회로는 정상 임피던스도 및 역상 임피던스도이다.

[답] ①

Chapter 06. 고장 계산
적중실전문제

1. 3상 변압기의 임피던스가 $Z[\Omega]$이고 선간 전압이 V[kV], 정격 용량이 P[kVA]일 때 이 변압기의 % 임피던스는?

① $\dfrac{10PZ}{V}$ ② $\dfrac{PZ}{10V^2}$ ③ $\dfrac{PZ}{100V^2}$ ④ $\dfrac{PZ}{V}$

해설 1

% 임피던스 법에 의한 고장 계산 시 필요한 공식
(1) $\%Z = \dfrac{PZ}{10V^2}$ [%]   (2) $I_s = \dfrac{100}{\%Z}I_n$ [A]   (3) $P_s = \dfrac{100}{\%Z}P_n$ [kVA]

[답] ②

2. 변압기의 % 임피던스가 표준치보다 훨씬 클 때 고려하여야 할 문제점은?
① 온도 상승   ② 여자 돌입 전류
③ 기계적 충격   ④ 전압 변동률

해설 2

변압기의 %Z가 표준치보다 크다는 것은 변압기의 내부 임피던스가 크다는 것이고, 이에 따라 변압기에서 발생하는 전압 강하가 크므로 전압 변동률도 커진다.

[답] ④

3. 고장점에서 구한 전 임피던스를 Z, 고장점의 성형 전압을 E라 하면 단락 전류는?

① $\dfrac{E}{Z}$ ② $\dfrac{ZE}{\sqrt{3}}$ ③ $\dfrac{\sqrt{3}\,E}{Z}$ ④ $\dfrac{3E}{Z}$

해설 3

옴 법에 의한 단락 전류는, $I_s = \dfrac{E}{Z}$ [A] 에 의해서 구한다.

[답] ①

4. 선로의 3상 단락전류는 대개 다음과 같은 식으로 구한다. 여기에서 I_N은 무엇인가?

$$[\ \text{식}:I_s = \frac{100}{\%Z_T + \%Z_L} \times I_N\ ]$$

① 그 선로의 평균전류
② 그 선로의 최대전류
③ 전원 변압기의 선로 측 정격전류(단락 측)
④ 전원 변압기의 전원 측 정격전류

해설 4

고장 계산은 전원에서 고장 지점까지의 회로를 범위로 구하므로, I_N는 전원 변압기의 선로 측(단락 측) 정격전류를 의미한다.

[답] ③

5. 정격 전압 66[kV], 1선의 유도 리액턴스 10[Ω]인 3상 3선식 송전선의 10,000[kVA]를 기준으로 한 % 리액턴스는 얼마인가?

① 3.2 ② 2.8 ③ 1.8 ④ 2.3

해설 5

$\%X = \dfrac{PX}{10V^2} = \dfrac{10,000 \times 10}{10 \times 66^2} = 2.3[\%]$

[답] ④

6. 154/22.9[kV], 40[MVA]인 3상 변압기의 % 리액턴스가 14[%]라면 고압 측으로 환산한 리액턴스는 몇 [Ω]인가?

① 95 ② 83 ③ 75 ④ 61

해설 6

$\%X = \dfrac{PX}{10V^2}$ 에서, $X = \dfrac{10V^2 \times \%X}{P} = \dfrac{10 \times 154^2 \times 14}{40 \times 10^3} = 83[\Omega]$

(문제에서 고압 측으로 환산하라는 조건이므로, 154[kV]를 적용한다.)

[답] ②

7. 그림과 같은 3상 송전계통에서 송전단 전압은 3,300[V]이다. 지금 1점에서 3상 단락사고가 발생했다면 발전기에 흐르는 전류는 몇 [A]가 되는가?

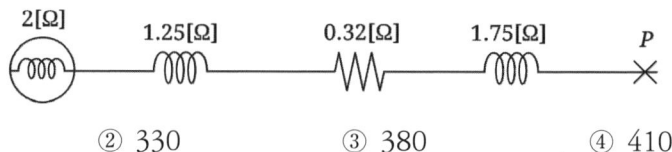

① 320　　　② 330　　　③ 380　　　④ 410

해설 7

(1) 우선 발전기에서 고장점까지의 전 합성 임피던스를 구해보면,
$$Z = R + jX = 0.32 + j(2 + 1.25 + 1.75) = 0.32 + j5\,[\Omega],$$
$$|Z| = \sqrt{0.32^2 + 5^2} = 5.01\,[\Omega]$$

(2) 따라서 고장 지점에서의 단락 전류를 구하면,
$$I_s = \frac{E}{|Z|} = \frac{\frac{3,300}{\sqrt{3}}}{5.01} = 380\,[A]$$

[답] ③

8. 기준 용량 P[kVA], V[kV]일 때 % 임피던스 값이 Z_p인 것을 기준용량 P_1[kVA], V_1[kV]로 기준값을 변환하면 새로운 기준값에 대한 % 임피던스 값 Z_{p1}은?

① $Z_p \times \dfrac{P_1}{P} \times \left(\dfrac{V}{V_1}\right)^2$　　　② $Z_p \times \dfrac{P_1}{P} \times \dfrac{V}{V_1}$

③ $Z_p \times \dfrac{P_1}{P} \times \left(\dfrac{V_1}{V}\right)^2$　　　④ $Z_p \times \dfrac{P_1}{P} \times \dfrac{V_1}{V}$

해설 8

(1) P[kVA], V[kV]에서의 % 임피던스 Z_p는, $Z_p = \dfrac{PZ}{10V^2}$ [%]

(2) P_1[kVA], V_1[kV]에서의 % 임피던스 Z_{p1}는, $Z_{p1} = \dfrac{P_1 Z}{10V_1^2}$ [%]

(3) 따라서, 위 두 식을 나누어서 비를 구해보면,
$$\frac{Z_{p1}}{Z_p} = \frac{\frac{P_1 Z}{10V_1^2}}{\frac{PZ}{10V^2}} = \frac{P_1}{P} \times \left(\frac{V}{V_1}\right)^2 \Rightarrow \therefore Z_{p1} = Z_p \times \frac{P_1}{P} \times \left(\frac{V}{V_1}\right)^2$$

[답] ①

★★★★★

9. 전압 V_1[kV]에 대한 %Z 값이 x_{p1} 이고, 전압 V_2[kV]에 대한 %Z 값이 x_{p2} 일 때, 이 둘 사이에는 다음 중 어떤 관계가 있는가?

① $x_{p1} = \dfrac{V_1^2}{V_2^2} x_{p2}$ ② $x_{p1} = \dfrac{V_1}{V_2^2} x_{p2}$

③ $x_{p1} = \dfrac{V_2^2}{V_1^2} x_{p2}$ ④ $x_{p1} = \dfrac{V_1}{V_1^2} x_{p2}$

해설 9

(1) V_1[kV]에서의 % 리액턴스 x_{p1} 은, $x_{p1} = \dfrac{Px}{10 V_1^2}$ [%]

(2) V_2[kV]에서의 % 리액턴스 x_{p2} 은, $x_{p2} = \dfrac{Px}{10 V_2^2}$ [%]

(3) 따라서, 위 두 식을 나누어서 비를 구해보면,

$$\dfrac{x_{p1}}{x_{p2}} = \dfrac{\dfrac{Px}{10 V_1^2}}{\dfrac{Px}{10 V_2^2}} = \left(\dfrac{V_2}{V_1}\right)^2 \Rightarrow \therefore x_{p1} = x_{p2} \times \left(\dfrac{V_2}{V_1}\right)^2$$

[답] ③

★★★★★

10. 합성 % 임피던스를 Z_p 라 할 때, P[kVA](기준)의 위치에 설치할 차단기의 용량 [MVA]은?

① $\dfrac{100P}{Z_p}$ ② $\dfrac{100Z_p}{P}$ ③ $\dfrac{0.1P}{Z_p}$ ④ $10Z_p P$

해설 10

$$P_s = \dfrac{100}{\%Z} P_n[\text{kVA}] = \dfrac{100}{Z_p} P \times 10^{-3} [\text{MVA}] = \dfrac{0.1}{Z_p} P[\text{MVA}]$$

[답] ③

11. 송전 선로에서 가장 많이 발생하는 사고는?

① 단선 사고　　　　　　② 단락 사고
③ 지지물 전도 사고　　　④ 지락 사고

> **해설 11**
>
> 계통에서 가장 흔한 사고는 1선 지락사고로서 전체 사고 중 80[%] 이상을 차지한다.
>
> [답] ④

12. 다음 중 옳은 것은?

① 터빈 발전기의 % 임피던스는 수차의 % 임피던스보다 작다.
② 전기기계의 % 임피던스가 크면 차단 용량이 작아진다.
③ % 임피던스는 % 리액턴스보다 작다.
④ 직렬 리액터는 % 임피던스를 작게 하는 작용을 한다.

> **해설 12**
>
> 전기기계의 % 임피던스가 크게 되면, $P_s = \dfrac{100}{\%Z} P_n$에 의하여 차단용량 P_s는 작아진다.
>
> [답] ②

13. 정격 전압 7.2[kV], 정격 차단 용량 250[MVA]인 3상용 차단기의 정격 차단 전류는 약 몇 [kA]인가?

① 10　　　② 20　　　③ 30　　　④ 40

> **해설 13**
>
> $P_s = \sqrt{3}\, V I_s$ 에서,
>
> $I_s = \dfrac{P_s}{\sqrt{3}\, V} = \dfrac{250}{\sqrt{3} \times 7.2} = 20[\text{kA}]$
>
> [답] ②

14. 단락 전류는 다음 중 어느 것을 말하는가?

① 앞선 전류 ② 뒤진 전류 ③ 충전 전류 ④ 누설 전류

해설 14

(1) 단락 전류는 전선과 전선 사이가 연결된 상태로서 주로 변압기와 전선의 유도성 리액턴스를 통하여 흐르는 전류로서, $I_s = \dfrac{E}{jX} = \dfrac{E}{j\omega L} = -j\dfrac{E}{\omega L}$ (지상 전류)

(2) 지락 전류는 전선과 대지 사이가 연결된 상태로서 주로 선로와 대지 간의 용량성 리액턴스를 통하여 흐르는 전류로서, $I_s = j\omega CE$ (진상 전류)

[답] ②

15. 그림에 표시하는 무부하 송전선의 S점에 있어서 3상 단락이 일어났을 때의 단락 전류 [A]는?

(단, G_1 : 15[MVA], 11[kV], %Z=30[%]
G_2 : 15[MVA], 11[kV], %Z=30[%]
T : 30[MVA], 11[kV]/154[kV], %Z=8[%]
송전선 TS 사이 50[km], Z=0.5[Ω/km])

① 127.3 ② 151.3 ③ 273.3 ④ 383.3

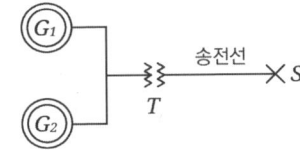

해설 15

(1) 우선 $P_n = 30$[MVA] 기준으로 % 임피던스를 환산하여 집계해보면,

- %Z_{G1} = %Z_{G2} = $30 \times \dfrac{30}{15} = 60$[%],   • %$Z_T = 8 \times \dfrac{30}{30} = 8$[%]

- %$Z_L = \dfrac{PZ}{10V^2} = \dfrac{30{,}000 \times (0.5 \times 50)}{10 \times 154^2} = 3.16$[%]

∴ %$Z = \dfrac{60}{2} + 8 + 3.16 = 41.6$[%]

(2) 따라서 고장 지점에서의 단락 전류를 구하면,

$I_s = \dfrac{100}{\%Z} I_n = \dfrac{100}{41.6} \times \dfrac{30 \times 10^3}{\sqrt{3} \times 154} = 273.3$[A]

[답] ③

16. 그림에서 A점의 차단기 용량으로 가장 적당한 것은?

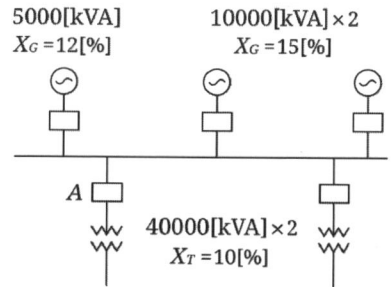

① 50[MVA]　　② 100[MVA]　　③ 150[MVA]　　④ 200[MVA]

해설 16

(1) 우선 $P_n = 10,000[\text{kVA}]$ 기준으로 %임피던스를 환산하여 집계해보면,

- $\%Z_{G1} = 12 \times \dfrac{10,000}{5,000} = 24[\%]$,　　• $\%Z_{G2} = \%Z_{G3} = 15 \times \dfrac{10,000}{10,000} = 15[\%]$

∴ $\%Z = \dfrac{24 \times 7.5}{24 + 7.5} = 5.7[\%]$　　($\%Z_{G2} = \%Z_{G3}$는 병렬 합성하면, $\dfrac{15}{2} = 7.5[\%]$)

(2) 고장 지점에서의 단락 용량을 구하면,

$P_s = \dfrac{100}{\%Z} P_n = \dfrac{100}{5.7} \times 10[\text{MVA}] = 175.43[\text{MVA}]$

∴ A점의 차단기 용량은 계산한 단락 용량보다 큰 것을 선정하여야 하므로,
$P_s = 200[\text{MVA}]$

[답] ④

17. 선간 단락 고장을 대칭 좌표법으로 해석할 경우 필요한 것은?

① 정상 임피던스도 및 역상 임피던스도
② 정상 임피던스도
③ 정상 임피던스도 및 영상 임피던스도
④ 역상 임피던스도 및 영상 임피던스도

> **해설 17**
>
> (1) 대칭분 : 평상시에나 사고 시에나 항상 존재하는 성분
> (2) 영상분 : 지락 사고 시에 존재하는 성분
> (3) 역상분 : 불평형 사고 시에 존재하는 성분
> ∴ 따라서, 선간 단락 고장 해석에는 정상분과 역상분이 존재한다.
>
> [답] ①

18. 송전선로의 고장전류의 계산에 있어서 영상 임피던스가 필요한 경우는?

① 3상 단락　② 선간 단락　③ 1선 접지　④ 3선 단선

> **해설 18**
>
> 영상 임피던스가 필요한 사고 종류는 지락 사고(접지 사고)이다.
>
> [답] ③

19. 3상 단락 고장을 대칭 좌표법으로 해석할 경우 다음 중 필요한 것은?

① 정상 임피던스　　② 역상 임피던스
③ 영상 임피던스　　④ 정상, 역상, 영상 임피던스

> **해설 19**
>
> 3상 단락 고장은 지락 사고 종류가 아니면서 3상 평형 고장이므로 정상분만 존재한다.
>
> [답] ①

20. 3상 단락 사고가 발생한 경우 다음 중 옳지 않은 것은?
(단, V_0 : 영상 전압, V_1 : 정상 전압, V_2 : 역상 전압, I_0 : 영상 전류, I_1 : 정상 전류, I_2 : 역상 전류이다.)

① $V_2 = V_0 = 0$
② $V_2 = I_2 = 0$
③ $I_2 = I_0 = 0$
④ $I_1 = I_2 = 0$

해설 20

3상 단락 사고 시에는 정상분만 존재하므로, 영상분(V_0, I_0)과 역상분(V_2, I_2)은 모두 0이다.

[답] ④

21. 3상 회로에 사용되는 변압기(3상 변압기 또는 단상 변압기 3대)의 정상, 역상, 영상 임피던스를 각각 Z_1, Z_2, Z_0라 할 때 다음과 같은 관계가 성립한다. 옳은 것은?

① $Z_1 = Z_2 < Z_0$
② $Z_1 < Z_2 < Z_0$
③ $Z_1 > Z_2 > Z_0$
④ $Z_1 = Z_2 = Z_0$

해설 21

(1) 변압기 : $Z_1 = Z_2 = Z_0$
(2) 송전선로 : $Z_1 = Z_2 < Z_0$ (보통 송전선로에서 영상 임피던스 = 정상 임피던스×3배)

[답] ④

22. 다음 중 옳은 말은 어느 것인가?

① 송전 선로의 정상 임피던스는 역상 임피던스의 반이다.

② 송전 선로의 정상 임피던스는 역상 임피던스의 $\frac{1}{3}$ 배이다.

③ 송전 선로의 정상 임피던스는 역상 임피던스와 같다.

④ 송전 선로의 정상 임피던스는 역상 임피던스의 3배이다.

해설 22

(1) 변압기 : $Z_1 = Z_2 = Z_0$

(2) 송전선로 : $Z_1 = Z_2 < Z_0$ (보통 송전선로에서 영상 임피던스 = 정상 임피던스×3배)

[답] ③

23. 3본의 송전선에 동상의 전류가 흘렀을 경우 이 전류를 무슨 전류라 하는가?

① 영상 전류　　② 평형 전류　　③ 단락 전류　　④ 대칭 전류

해설 23

(1) 영상 전류 : $I_0 = \frac{1}{3}(I_a + I_b + I_c)$ (3상의 전류는 동상 전류)

(2) 정상 전류 : $I_1 = \frac{1}{3}(I_a + aI_b + a^2I_c)$ (3상의 전류는 위상차가 120°)

(3) 역상 전류 : $I_2 = \frac{1}{3}(I_a + a^2I_b + aI_c)$ (3상의 전류는 위상차가 -120°)

[답] ①

24. 그림과 같은 회로의 영상, 정상, 및 역상 임피던스 Z_0, Z_1, Z_2는?

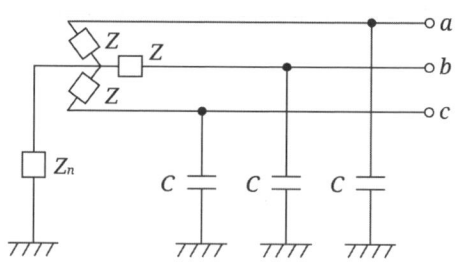

① $Z_0 = \dfrac{Z+3Z_n}{1+j\omega C(Z+3Z_n)}, \ Z_1 = Z_2 = \dfrac{Z}{1+j\omega CZ}$

② $Z_0 = \dfrac{3Z_n}{1+j\omega C(3Z+Z_n)}, \ Z_1 = Z_2 = \dfrac{3Z_n}{1+j\omega CZ}$

③ $Z_0 = \dfrac{Z+Z_n}{1+j\omega C(Z+Z_n)}, \ Z_1 = Z_2 = \dfrac{Z}{1+j3\omega CZ_n}$

④ $Z_0 = \dfrac{3Z}{1+j\omega C(Z+Z_n)}, \ Z_1 = Z_2 = \dfrac{3Z_n}{1+j3\omega CZ}$

해설 24

(1) 영상 등가회로 : (접지 임피던스 포함하며, 접지 임피던스에 3배를 취한다.)

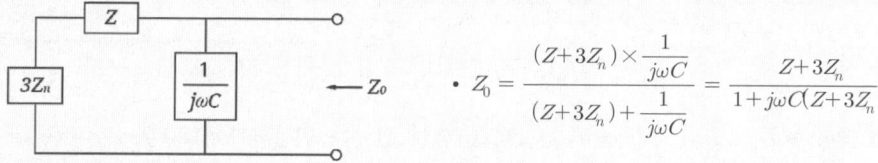

• $Z_0 = \dfrac{(Z+3Z_n) \times \dfrac{1}{j\omega C}}{(Z+3Z_n)+\dfrac{1}{j\omega C}} = \dfrac{Z+3Z_n}{1+j\omega C(Z+3Z_n)}$

(2) 정상(역상) 등가회로 : (접지 임피던스가 포함되지 않는다.)

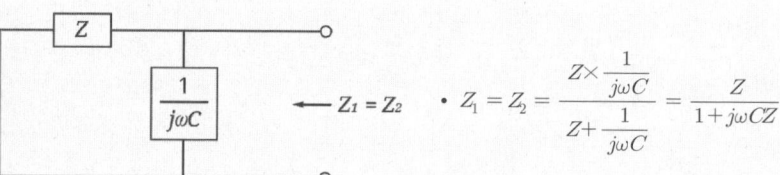

• $Z_1 = Z_2 = \dfrac{Z \times \dfrac{1}{j\omega C}}{Z+\dfrac{1}{j\omega C}} = \dfrac{Z}{1+j\omega CZ}$

[답] ①

Chapter 07

이상 전압 및 개폐기

01. 계통에서 발생하는 이상 전압의 종류

02. 진행파의 반사와 투과 현상

03. 이상 전압 방지 대책

04. 개폐기 (차단기, 단로기)

- 적중실전문제

Chapter 07 이상 전압 및 개폐기

01 계통에서 발생하는 이상 전압의 종류

1) 외부 이상전압

(1) 직격뢰에 의한 이상전압
  뇌가 송전선 또는 가공지선을 직격할 때 발생하는 이상 전압

(2) 유도뢰에 의한 이상전압
  송전선에 유도된 구속전하가 뇌운 간 또는 뇌운과 대지 간 방전을 통해 자유전하로 되어 송전선로를 진행파가 되어 전파되는 이상 전압

2) 내부 이상전압

- 계통 조작 시(차단기의 투입 또는 개방 시)에 나타나는 개폐 서지로 계통 내부 원인에 의해 발생되는 이상 전압

예제 1

송배전 선로의 이상 전압의 내부적 원인이 아닌 것은?
① 선로의 개폐   ② 아크 접지
③ 선로의 이상 상태   ④ 유도뢰

【해설】
전력 계통의 외부에서 발생하는 이상 전압에는 직격뢰와 유도뢰가 있다.

[답] ④

3) 표준 충격 파형

(1) 표준 충격파의 정의

과도적으로 단시간에 나타나는 충격 전압, 전류 파형은 현저한 진동파가 겹치지 않는 단극성의 전압, 전류만을 생각하면 각기 그 특성이 비슷하게 나타나고 있으며 그 파형은 다음 그림과 같다.

(2) 규약 표준 충격파형

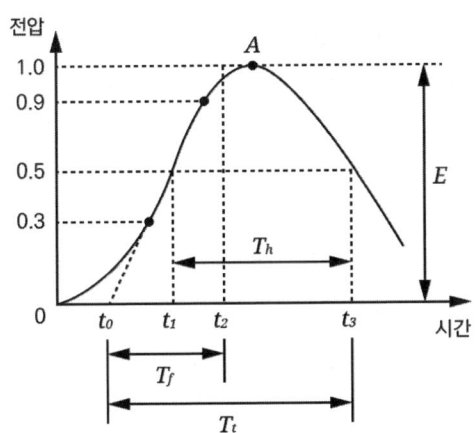

① T_f : 파두장(1.2[μsec])
② T_t : 파미장(50[μsec])

〈규약 표준 충격파형〉

예제 2

기기의 충격 전압 시험을 할 때 채용하는 우리나라의 표준 충격 전압파의 파두장 및 파미장을 표시한 것은?

① 1.5×40[μsec]　　② 2×40[μsec]
③ 1.2×50[μsec]　　④ 2×50[μsec]

【해설】
표준 충격 파형의 규격 : (파두장×파미장)[μsec] = (1.2×50)[μsec]

[답] ③

02 진행파의 반사와 투과 현상

1) 진행파의 해석

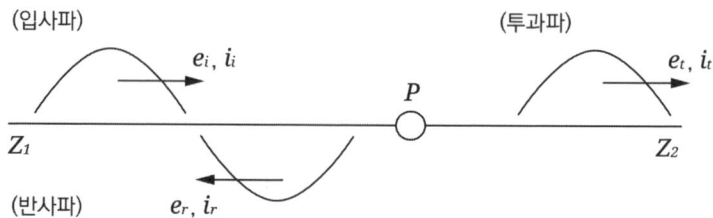

〈 변이점에서의 반사 및 투과 현상 〉

(1) 위 그림은 파동 임피던스 Z_1 과 Z_2 의 선로가 변이점 P 에서 연결되고, Z_1 쪽으로부터 진행파가 들어왔을 때 이 진행파가 변이점에서 어떻게 반사되고, 또 어떻게 투과해 나가는가를 보인 것이다.

(2) 진행파의 전압이나 전류에서도 교류의 경우와 마찬가지로 키르히호프의 법칙이 만족하므로,

- $i_i + i_r = i_t$
- $e_i + e_r = e_t$

여기에서,

- $e_i = Z_1 i_i, \quad e_r = -Z_1 i_r, \quad e_t = Z_2 i_t$

(3) 우선, 반사파 전압을 구해보면,

- $i_i + i_r = i_t$
- $\dfrac{e_i}{Z_1} - \dfrac{e_r}{Z_1} = \dfrac{e_t}{Z_2}$
- $\dfrac{e_i}{Z_1} - \dfrac{e_r}{Z_1} = \dfrac{e_i + e_r}{Z_2}$
- $e_i \left(\dfrac{1}{Z_1} - \dfrac{1}{Z_2} \right) = e_r \left(\dfrac{1}{Z_1} + \dfrac{1}{Z_2} \right)$

$\therefore \ e_r = \dfrac{\dfrac{1}{Z_1} - \dfrac{1}{Z_2}}{\dfrac{1}{Z_1} + \dfrac{1}{Z_2}} e_i = \dfrac{Z_2 - Z_1}{Z_2 + Z_1} e_i$

(4) 마찬가지로 투과파 전압을 구해보면,

- $i_i + i_r = i_t$
- $\dfrac{e_i}{Z_1} - \dfrac{e_r}{Z_1} = \dfrac{e_t}{Z_2}$
- $\dfrac{e_i}{Z_1} - \dfrac{(e_t - e_i)}{Z_1} = \dfrac{e_t}{Z_2}$
- $e_i \left(\dfrac{1}{Z_1} + \dfrac{1}{Z_1} \right) = e_t \left(\dfrac{1}{Z_1} + \dfrac{1}{Z_2} \right)$

$$\therefore e_t = \dfrac{\dfrac{1}{Z_1} + \dfrac{1}{Z_1}}{\dfrac{1}{Z_1} + \dfrac{1}{Z_2}} e_i = \dfrac{2Z_2}{Z_2 + Z_1} e_i$$

2) 반사 계수 및 투과 계수

(1) 반사 계수 : $\alpha = \dfrac{Z_2 - Z_1}{Z_2 + Z_1}$ 단, Z_1 : 전원 측 임피던스 $[\Omega]$

Z_2 : 부하 측 임피던스 $[\Omega]$

(2) 투과 계수 : $\beta = \dfrac{2Z_2}{Z_2 + Z_1}$

예제 3

서지파(진행파)가 서지 임피던스 Z_1 에서 임피던스 Z_2 의 선로 측으로 입사할 때 투과 계수 b 를 나타내는 식은?

① $b = \dfrac{Z_2 - Z_1}{Z_1 + Z_2}$ ② $b = \dfrac{2Z_2}{Z_1 + Z_2}$

③ $b = \dfrac{Z_1 - Z_2}{Z_1 + Z_2}$ ④ $b = \dfrac{2Z_1}{Z_1 + Z_2}$

【해설】

반사 계수 : $\alpha = \dfrac{Z_2 - Z_1}{Z_1 + Z_2}$, 투과 계수 : $\beta = \dfrac{2Z_2}{Z_1 + Z_2}$

[답] ②

03 이상 전압 방지 대책

1) 외부 대책

(1) 가공지선 설치
  가공지선에 의한 전압 별 보호각 유지
  - 154[kV]의 경우는 보호각 $45 \sim 60°$
  - 345[kV]의 경우는 보호각 $0°$
  - 765[kV]의 경우는 보호각 $-8°$

(2) 매설지선 설치로 탑각 접지 저항값을 가능한 한 낮춘다. (역섬락 방지)
  ① 154[kV]의 경우는 탑각 접지저항 $15[\Omega]$ 이하
  ② 345[kV]의 경우는 탑각 접지저항 $20[\Omega]$ 이하
  ③ 765[kV]의 경우는 탑각 접지저항 $15[\Omega]$ 이하

(3) 변전소 및 발전소의 중심부에서 반경 1~2[km] 구간 내 가공지선 설치

(4) 건축물에서는 피뢰설비(피뢰침 등) 설치

(5) 송전선에서의 낙뢰 방지 대책
  ① 아킹혼, 아킹링 설치
  ② 송전선용 피뢰기(LA) 설치

2) 내부 대책

(1) 적정한 피뢰기 설치

(2) 절연협조의 적절한 실시

(3) 건축물 내 전기설비의 등전위화 (접지설비 이용)

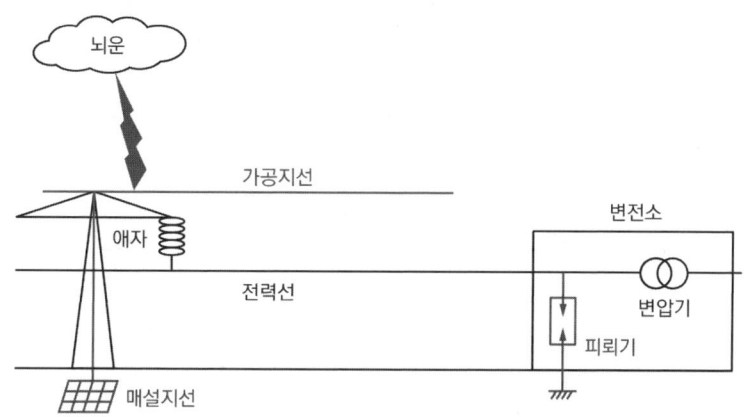

〈 전력 계통의 이상 전압 방호 장치 설치 개념도 〉

예제 4

뇌해 방지와 관계가 없는 것은?
① 매설 지선 ② 가공 지선 ③ 소호각 ④ 댐퍼

【해설】
댐퍼는 전선의 미풍 진동 방지 장치이다.

[답] ④

---

3) 피뢰기(LA)

(1) 피뢰기 구조 및 역할
① 이상전압이 침입하면 즉시 방전을 개시해서 전압 상승을 억제
② 이상전압이 없어져서 단자전압이 일정값 이하가 되면 즉시 방전을 정지해서 원래의 송전 상태로 복귀

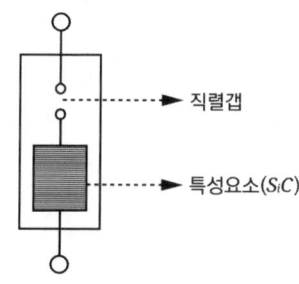

〈 피뢰기의 구성 요소 〉

(2) 피뢰기의 구비 조건
① 충격 방전 개시 전압이 낮을 것
② 상용 주파 방전 개시 전압이 높을 것
③ 방전 내량이 크면서 제한 전압이 낮을 것
④ 속류의 차단 능력이 충분할 것 (속류차단 : 직렬 갭)

(3) 피뢰기의 정격 전압과 제한 전압
① 정격 전압
피뢰기에서 속류를 차단할 수 있는 최고의 상용 주파수의 교류전압의 실효값 (피뢰기가 동작 중이지 않을 때 전압)
② 제한 전압
피뢰기의 동작으로 내습한 충격파 전압이 방전으로 저하되어서 피뢰기의 단자 간에 남게 되는 충격 전압 (피뢰기가 동작 중일 때의 피뢰기 양단의 전압)

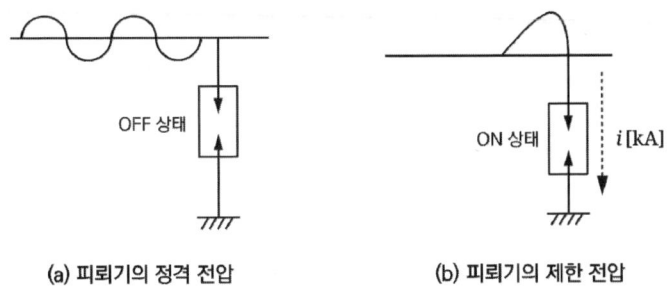

(a) 피뢰기의 정격 전압   (b) 피뢰기의 제한 전압

예제 5

피뢰기의 구조는 다음 중 어느 것인가?
① 특성 요소와 소호 리액터   ② 특성 요소와 콘덴서
③ 소호 리액터와 콘덴서   ④ 특성 요소와 직렬 갭(gap)

【해설】
(1) 특성 요소 : 이상 전압을 감지하여 방전시키고, 계통 전압은 차단시키는 역할
(2) 직렬 갭 : 피뢰기 방전 후 흐르는 계통 전류(속류)를 차단시키는 역할

[답] ④

4) 섬락 및 역섬락

(1) 섬락(flashover)
① 직격 뇌서지 전압이 직격뢰에 의한 전압 진행파가 선로 상을 전파하여 철탑에 설치된 애자의 절연을 파괴해서 불꽃 방전을 일으키는 현상
② 대책
 • 가공지선 설치, 아킹혼 설치

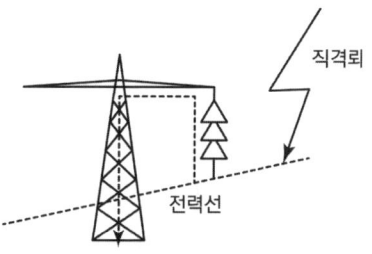

〈 철탑의 섬락 사고 〉

(2) 역섬락(back-flashover)
① 섬락 사고와 반대로 철탑에서 전선으로 불꽃 방전을 일으키는 현상
② 철탑의 접지저항이 높아서 철탑 전위의 파고값(E)이 상승하여 애자의 절연 파괴 전압 이상으로 될 경우에 발생
③ 대책
 • 탑각 접지 저항의 감소
  (매설지선 설치)

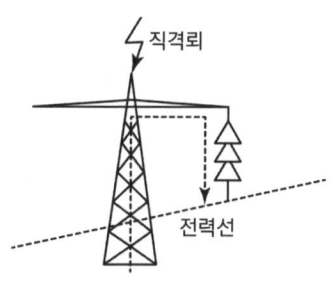

〈 철탑의 역섬락 사고 〉

예제 6

철탑의 탑각 접지 저항이 커지면 우려되는 것으로 옳은 것은?
① 뇌의 직격   ② 역섬락
③ 가공 지선의 차폐각의 증가   ④ 코로나의 증가

【해설】
(1) 섬락 : 가공 지선의 차폐각이 부적절하여 전선에서 철탑으로 아크 방전하는 것
(2) 역섬락 : 철탑의 접지 저항이 너무 커서 철탑에서 전선으로 아크 방전하는 것

[답] ②

(3) 가공 지선의 역할
  ① 직격뢰에 대한 차폐
  ② 유도뢰에 의한 정전 차폐
  ③ 전자 유도 장해 경감

(4) 가공 지선의 차폐각
  ① 가공 지선의 차폐각(보호각)은 가능한 한 작게 하는 것이 바람직하다.
  ② 154[kV] : 45~60°, 345[kV] : 0°, 765[kV] : -8°
  ③ 가공 지선을 2조로 하면 차폐각이 작아져서 차폐 효과가 좋아진다.
  ④ 가공 지선은 일반적으로 송전 선로와 같은 ACSR 전선을 사용한다.

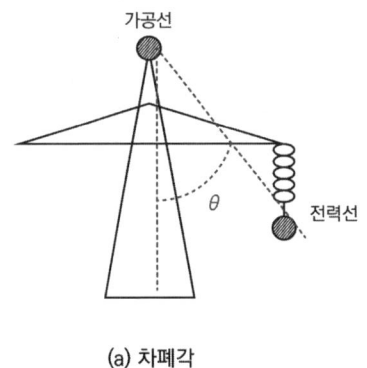
(a) 차폐각

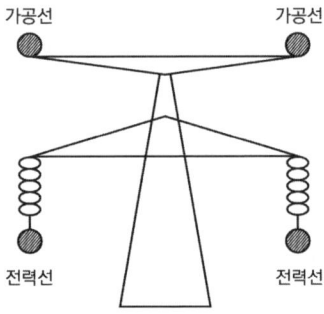
(b) 가공 지선 2조의 경우 차폐각

예제 7

가공 지선의 설치 목적이 아닌 것은?
① 정전 차폐 효과　　② 전압 강하의 방지
③ 직격 차폐 효과　　④ 전자 차폐 효과

【해설】
가공 지선의 역할
(1) 직격뢰에 대한 차폐
(2) 유도뢰에 의한 정전 차폐
(3) 전자 유도 장해 경감

[답] ②

04 개폐기 (차단기, 단로기)

1) 차단기(CB)

(1) 차단기는 부하전류는 물론 고장시에 발생하는 대전류를 신속하게 차단하여 고장 구간을 신속하게 건전 구간으로부터 분리시키는 역할을 수행한다.

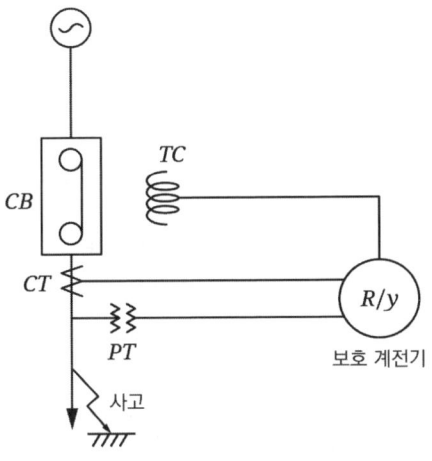

〈차단기의 개념도〉

(2) 소호 원리에 따른 차단기의 종류
  ① 유입 차단기(OCB)
    : 소호실에서 아크의 열에 의한 절연유의 분해에 따른 가스의 소호력을 이용
  ② 공기 차단기(ABB)
    : 압축 공기의 강한 소호력을 이용
  ③ 진공 차단기(VCB)
    : 진공 상태에서의 아크의 급속한 확산 효과를 이용하여 소호
  ④ 자기 차단기(MBB)
    : 자기 회로에서의 자기력에 의해서 아크를 끌어당겨서 소호
  ⑤ 가스 차단기(GCB)
    : 절연 특성이 매우 뛰어난 SF_6 가스의 강력한 소호 작용을 이용

> **예제 8**
>
> 회로의 전류를 차단할 때의 소호 작용과 관계가 없는 것은?
> ① 유중 작용   ② 압력 작용
> ③ 불어내는 작용   ④ 재점호
>
> **【해설】**
> 재점호 현상은 차단기의 소호 작용이 이루어진 후, 차단기 양단의 전압이 고전압이 걸릴 경우 아크가 다시 발생하는 현상으로서 주로 진상 전류를 차단시킬 때 발생한다.
>
> [답] ④

(3) 차단기의 정격 차단 용량

$$P_s = \sqrt{3}\,VI_s\,[\text{kVA}] \quad 단, \ V : 정격\ 전압[\text{kV}]\ (= 공칭\ 전압 \times \frac{1.2}{1.1})$$
$$I_s : 정격\ 차단전류[\text{A}]$$

(4) 차단기의 차단 시간
- 정격 차단 시간 = 개극 시간 + 아크 소호 시간
  (보통 3~8[Cycle] 정도에서 차단이 이루어짐)

(5) 차단기의 정격 투입 전류
  차단기의 투입 전류의 최초 주파수의 최대값으로 표시되며, 크기는 정격 차단 전류(실효값)의 2.5배를 표준으로 한다.

(6) 차단기의 표준 동작 책무
  차단기의 어느 시간 간격을 두고 행하여지는 일련의 동작을 규정한 것을 말한다.
  ① 일반용(갑호) : O-1분-CO-3분-CO
  ② 일반용(을호) : CO-15초-CO
  ③ 고속도 재투입용 : O-t(임의의 시간)-CO-1분-CO

(7) 차단기의 트립 방식
  ① CT 2차 전류 트립 방식
  ② DC 전압 방식
  ③ CTD 방식(콘덴서 트립 방식)

예제 9

차단기의 정격 차단 시간의 표준이 아닌 것은?
① 3[c/sec]　　② 5[c/sec]　　③ 8[c/sec]　　④ 10[c/sec]

【해설】

차단기의 차단 시간 = 개극 시간 + 아크 소호 시간 (보통 3~8[Cycle] 정도)

[답] ④

2) 단로기(DS)

(1) 단로기는 선로로부터 기기를 분리, 구분 및 변경할 때 사용되는 개폐 장치이다.

(2) 단로기는 차단기와는 달리 내부에 소호 장치가 없으므로, 고장 전류나 부하 전류를 차단할 수 없으며 무부하 상태에서만 회로를 개폐할 수 있다.

(3) 차단기와 단로기의 조작 순서
　① 투입 시 : 단로기(DS) 투입 → 차단기(CB) 투입
　② 차단 시 : 차단기(CB) 개방 → 단로기(DS) 개방
　③ 위와 같은 동작을 인터록(Interlock)이라 한다.

예제 10

단로기에 대한 다음 설명 중 옳지 않은 것은?
① 소호장치가 있어서 아크를 소멸시킨다.
② 회로를 분리하거나, 계통의 접속을 바꿀 때 사용한다.
③ 고장 전류는 물론 부하 전류의 개폐에도 사용할 수 없다.
④ 배전용의 단로기는 보통 디스커넥팅바로 개폐한다.

【해설】
(1) 차단기 : 내부에 소호 장치가 있어서 고장 전류와 부하 전류를 끊을 수 있다.
(2) 단로기 : 내부에 소호 장치가 없고 단순히 무부하 회로를 개폐하는 역할을 한다.

[답] ①

3) 전력 퓨즈(PF)

(1) 전력 퓨즈는 주로 단락 전류를 차단하기 위해서 만든 보호 장치로서 차단기의 용량이 부족한 부분을 보완하는 역할로서 차단기와 직렬로 설치한다.

(2) 전력 퓨즈의 역할
① 부하 전류는 안전하게 통전시킨다.
② 이상 전류(과전류)는 즉시 차단시킨다.

(3) 전력 퓨즈의 장, 단점

장 점	단 점
① 현저한 한류 특성을 갖는다.	① 재투입 불가능 (가장 큰 단점)
② 고속도 차단할 수 있다.	② 과전류에 용단되기 쉽고, 결상을 일으킬 우려가 있다.
③ 소형으로 큰 차단 용량을 갖는다.	③ 한류형 퓨즈는 용단되어도 차단되지 않는 범위가 있다.
④ 한류형은 차단 시 무소음, 무방출이다.	

(4) 전력 퓨즈 선정 시 고려 사항
① 과부하 전류에 동작하지 말 것
② 변압기 여자 돌입전류에 동작하지 말 것
③ 전동기 기동전류에 동작하지 말 것
④ 타 기기와 보호 협조를 가질 것

(5) 퓨즈의 특성
① 용단 특성
② 단시간 허용 특성
③ 전차단 특성

예제 11

전력용 퓨즈는 주로 어떤 전류의 차단을 목적으로 사용하는가?
① 충전 전류　　② 과부하 전류　　③ 단락 전류　　④ 과도 전류

【해설】
전력 퓨즈는 차단기 용량이 부족한 단락 전류의 차단을 목적으로 한다.

[답] ③

Chapter 07. 이상 전압 및 개폐기
적중실전문제

1. 송전 선로의 개폐 조작 시 발생하는 이상 전압에 관한 상황에서 옳은 것은?
① 개폐 이상 전압은 회로를 개방할 때보다 폐로할 때 더 크다.
② 개폐 이상 전압은 무부하시보다 전부하일 때 더 크다.
③ 가장 높은 이상 전압은 무부하 송전선의 충전 전류를 차단할 때이다.
④ 개폐 이상 전압은 상규 대지 전압의 6배, 시간은 2~3초이다.

해설 1
송전 선로의 개폐 시 이상 전압은 차단기를 무부하 상태에서 차단기를 개방할 경우로서, 송전선 대지 전압의 약 4배 정도에 이른다. [답] ③

2. 차단기의 개폐에 의한 이상 전압은 대부분 송전선 대지전압의 몇 배 정도가 최고인가?
① 2　　② 3　　③ 4　　④ 5

해설 2
송전 선로의 개폐 시 이상 전압은 차단기를 무부하 상태에서 차단기를 개방할 경우로서, 송전선 대지 전압의 약 4배 정도에 이른다. [답] ③

3. 뇌 서지와 개폐 서지의 파두장과 파미장에 대한 설명으로 옳은 것은?
① 파두장은 같고 파미장이 다르다.
② 파두장이 다르고 파미장은 같다.
③ 파두장과 파미장이 모두 다르다.
④ 파두장과 파미장이 모두 같다.

해설 3
뇌 서지는 외부 이상전압이고, 개폐 서지는 내부 이상 전압으로서, 서로 파두장과 파미장이 모두 다르다. [답] ③

4. 파동 임피던스 $Z_1 = 500[\Omega]$, $Z_2 = 300[\Omega]$인 두 무손실 선로 사이에 그림과 같이 저항 R을 접속하였다. 제1선로에서 구형파가 진행하여 왔을 때 무반사로 하기 위한 R의 값은 몇 $[\Omega]$인가?

① 100   ② 200
③ 300   ④ 500

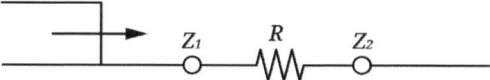

해설 4

반사 계수 $\alpha = \dfrac{Z_2 - Z_1}{Z_2 + Z_1}$에서, Z_1과 Z_2의 값이 같으면 반사 계수가 0이 되므로 무반사로 하기 위해서는 선로에 저항 $R = 200[\Omega]$을 접속하면 된다.

[답] ②

5. 이상 전압에 대한 방호 장치가 아닌 것은?
① 병렬 콘덴서   ② 가공지선
③ 피뢰기   ④ 서지 흡수기

해설 5

병렬 콘덴서는 계통의 역률 개선을 위해서 설치하는 장치이다.

[답] ①

6. 다음 중 효과적으로 개폐 서지 이상 전압 발생을 억제할 목적으로 사용되는 것은?
① 개폐 저항기   ② 피뢰기   ③ 콘덴서   ④ 리액터

해설 6

개폐 저항기는 차단기와 병렬로 설치하여 차단기 개방 시에 발생하는 개폐 서지를 감소시킬 목적으로 설치한다.

[답] ①

7. 피뢰기가 구비해야 할 조건으로 잘못 설명된 것은?
   ① 속류의 차단 능력이 충분할 것
   ② 상용 주파 방전 개시 전압이 높을 것
   ③ 방전 내량이 작으면서 제한 전압이 높을 것
   ④ 충격 방전 개시 전압이 낮을 것

   해설 7

   피뢰기가 구비해야 할 조건
   (1) 속류의 차단 능력이 충분할 것
   (2) 상용 주파 방전 개시 전압이 높을 것
   (3) 방전 내량이 가능한 한 크면서 제한 전압이 낮을 것
   (4) 충격 방전 개시 전압이 낮을 것

   [답] ③

8. 피뢰기의 정격 전압이란?
   ① 충격 방전 전류를 통하고 있을 때의 단자 전압
   ② 충격파의 방전 개시 전압
   ③ 속류의 차단이 되는 최고의 교류 전압
   ④ 상용 주파수의 방전 개시 전압

   해설 8

   (1) 피뢰기의 정격 전압 : 피뢰기가 동작 중이지 않을 때의 피뢰기 양단의 전압
   (2) 피뢰기의 제한 전압 : 피뢰기가 동작 중일 때의 피뢰기 양단의 전압

   [답] ③

9. 피뢰기의 제한 전압이란?

① 상용 주파 전압에 대한 피뢰기의 충격 방전 개시 전압
② 충격파 침입 시 피뢰기의 충격 방전 개시 전압
③ 피뢰기가 충격파 종료 후 언제나 속류를 확실하게 차단할 수 있는 상용주파 허용 단자 전압
④ 충격파 전류가 흐르고 있을 때 피뢰기의 단자 전압

> **해설 9**
>
> (1) 피뢰기의 정격 전압 : 피뢰기가 동작 중이지 않을 때의 피뢰기 양단의 전압
> (2) 피뢰기의 제한 전압 : 피뢰기가 동작 중일 때의 피뢰기 양단의 전압   [답] ④

10. 피뢰기의 공칭 전압으로 삼고 있는 것은?

① 제한 전압
② 상규 대지 전압
③ 상용 주파 허용 단자 전압
④ 충격 방전 개시 전압

> **해설 10**
>
> 피뢰기의 공칭 전압 : 피뢰기의 정격 전압(상용 주파 허용 단자 전압)   [답] ③

11. 송변전 계통에 사용되는 피뢰기의 정격전압은 선로의 공칭 전압의 보통 몇 배로 선정하는가?

① 직접 접지계 : 0.8~1.0배, 저항 또는 소호 리액터 접지 : 0.7~0.9배
② 직접 접지계 : 1.0~1.3배, 저항 또는 소호 리액터 접지 : 1.4~1.6배
③ 직접 접지계 : 0.8~1.0배, 저항 또는 소호 리액터 접지 : 1.4~1.6배
④ 직접 접지계 : 1.0~1.3배, 저항 또는 소호 리액터 접지 : 0.7~0.9배

> **해설 11**
>
> (1) 직접 접지 방식 : (0.8~1.0)×공칭 전압(V)피뢰기 정격 전압
> (2) 저항 또는 소호 리액터 접지 방식 : (1.4~1.6)×공칭 전압(V)   [답] ③

12. 유효 접지 계통에서 피뢰기의 정격 전압을 결정하는 데 가장 중요한 요소는?
① 선로 애자련의 충격 섬락 전압
② 내부 이상 전압 중 과도 이상 전압의 크기
③ 유도뢰의 전압의 크기
④ 1선 지락 고장 시 건전상의 대지 전위, 즉 지속성 이상 전압

해설 12

피뢰기의 정격 전압 : $V = \alpha\beta V_m [\text{kV}]$
단, α : 접지 계수, β : 여유 계수,
V_m : 계통의 최고 전압(1선 지락 사고 시 이상 전압)   [답] ④

13. 변전소, 발전소 등에 설치하는 피뢰기에 대한 설명 중 옳지 않은 것은?
① 피뢰기의 직렬 갭은 일반적으로 저항으로 되어 있다.
② 정격 전압은 상용 주파 정현파 전압의 최고 한도를 규정한 순시값이다.
③ 방전 전류는 뇌충격 전류의 파고값으로 표시한다.
④ 속류란 방전 현상이 실질적으로 끝난 후에도 전력 계통에서 피뢰기에 공급되어 흐르는 전류를 말한다.

해설 13

피뢰기의 정격 전압은 상용 주파 전압의 최고 한도를 규정한 실효값이다.   [답] ②

14. 피뢰기의 충격 방전 개시 전압은 무엇으로 표시하는가?
① 직류 전압의 크기   ② 충격파의 평균값
③ 충격파의 최대값   ④ 충격파의 실효값

해설 14

충격 방전 개시 전압 : 충격 전압이 가해져 방전 전류가 흐르기 시작할 때 도달할 수 있는 최고 전압(최대값으로 표시)   [답] ③

15. 서지 흡수기를 설치하는 장소는?
① 변전소 인입구   ② 변전소 인출구
③ 발전기 부근   ④ 변압기 부근

> **해설 15**
> 서지 흡수기(SA) : 개폐 서지로부터 발전기를 보호하기 위해서 발전기 가까이 설치
> [답] ③

16. 송전 선로에서 역섬락을 방지하는 유효한 방법은?
① 가공 지선을 설치한다.   ② 소호각을 설치한다.
③ 탑각 접지 저항을 작게 한다.   ④ 피뢰기를 설치한다.

> **해설 16**
> 역섬락 : 가공 지선에 직격뢰 방전 시 철탑의 접지 저항 값이 너무 크게 되면 철탑에서 전력선으로 아크 방전하는 현상으로 매설 지선을 설치하여 접지 저항 값을 저감시킨다.
> [답] ③

17. 송전 선로에 매설 지선을 설치하는 목적은?
① 직격뢰로부터 송전선을 차폐, 보호하기 위하여
② 철탑 기초의 강도를 보강하기 위하여
③ 현수 애자 1련의 전압 분담을 균일화하기 위하여
④ 철탑으로부터 송전 선로로의 역섬락을 방지하기 위하여

> **해설 17**
> 역섬락 : 가공 지선에 직격뢰 방전 시 철탑의 접지 저항 값이 너무 크게 되면 철탑에서 전력선으로 아크 방전하는 현상으로 매설 지선을 설치하여 접지 저항 값을 저감시킨다.
> [답] ④

18. 가공 지선에 대한 다음 설명 중 옳은 것은?

① 차폐각은 보통 15~30° 정도로 하고 있다.
② 차폐각이 클수록 벼락에 대한 차폐 효과가 크다.
③ 가공 지선을 2선으로 하면 차폐각이 적어진다.
④ 가공 지선으로 연동선을 주로 사용한다.

> **해설 18**
>
> 가공 지선
> (1) 차폐각은 보통 35~40° 정도로 하고 있다.
> (2) 차폐각이 클수록 벼락에 대한 차폐 효과가 줄어든다.
> (3) 가공 지선을 2선으로 하면 차폐각이 적어진다.
> (4) 가공 지선은 ACSR(강심 알루미늄 연선)을 사용한다.
>
> [답] ③

19. 철탑의 탑각 접지 저항이 커지면 우려되는 것으로 옳은 것은?

① 뇌의 직격
② 역섬락
③ 가공 지선의 차폐각의 증가
④ 코로나의 증가

> **해설 19**
>
> 역섬락 : 가공 지선에 직격뢰 방전 시 철탑의 접지 저항 값이 너무 크게 되면 철탑에서 전력선으로 아크 방전하는 현상으로 매설 지선을 설치하여 접지 저항 값을 저감시킨다.
>
> [답] ②

20. 진공 차단기의 특징에 속하지 않는 것은?
① 화재 위험이 거의 없다.
② 소형 경량이고 조작 기구가 간편하다.
③ 동작 시 소음은 크지만 소호실의 보수가 거의 필요치 않다.
④ 차단 시간이 짧고 차단 성능이 회로 주파수의 영향을 받지 않는다.

해설 20

진공 차단기는 소호실이 진공 상태이므로 동작 시 소음이 거의 없으며, 소음이 큰 차단기는 공기 차단기이다.

[답] ③

21. 유입 차단기의 특징이 아닌 것은?
① 방음 설비가 있다.
② 부싱 변류기를 사용할 수 있다.
③ 공기보다 소호 능력이 크다.
④ 높은 재기 전압 상승에도 차단 성능에 영향이 없다.

해설 21

유입 차단기의 특징
(1) 소음이 적어 방음 설비가 필요 없다.
(2) 부싱 변류기를 사용할 수 있다.
(3) 공기보다 소호 능력이 크다.
(4) 높은 재기 전압 상승에도 차단 성능에 영향이 없다.

[답] ①

22. 수(數) 10기압의 압축 공기를 소호실 내의 아크에 급부(汲附)하여 아크 흔적을 급속히 치환하며 차단 정격 전압이 가장 높은 차단기는 다음 중 어느 것인가?
① MBB ② ABB ③ VCB ④ ACB

해설 22

ABB(공기 차단기) : 별도의 압축 공기 장치로서 강력한 압축 공기의 소호력으로 소호시키는 차단기

[답] ②

23. 자기 차단기의 특징 중 옳지 않은 것은?
① 화재 위험이 적다.
② 보수, 점검이 비교적 쉽다.
③ 전류 절단에 의한 와전류가 발생되지 않는다.
④ 회로의 고유 주파수에 차단 성능이 좌우된다.

해설 23

자기 차단기의 특징
(1) 화재 위험이 적다.
(2) 보수, 점검이 비교적 쉽다.
(3) 전류 절단에 의한 와전류가 발생되지 않는다.
(4) 회로의 고유 주파수에 차단 성능이 좌우되지 않는다.

[답] ④

24. 그림은 유입 차단기의 구조도이다. A의 명칭은?

① 절연 Liner
② 승강간
③ 가동 접촉자
④ 고정 접촉자

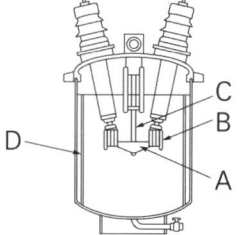

해설 24

(1) A : 가동 접촉자(가동부)　　(2) B : 고정 접촉자(고정부)
(3) C : 승강간　　(4) D : 절연 라이너　　[답] ③

25. SF_6 가스 차단기의 설명으로 잘못된 것은?

① SF_6 가스는 절연 내력이 공기의 2~3이고, 소호 능력이 공기의 100~200배이다.
② 아크에 의해 SF_6 가스가 분해되어 유독 가스를 발생시킨다.
③ 밀폐 구조이므로 소음이 없다.
④ 근거리 고장 등 가혹한 재기전압에 대해서도 우수하다.

해설 25

SF_6 가스는 무독성, 불활성 기체로서 소호 능력이 매우 우수한 기체이다.　　[답] ②

26. SF_6 가스 차단기를 공기 차단기와 비교할 때 옳은 것은?

① 소음이 작다.　　② 고속 조작에 유리하다.
③ 압축 공기로 투입한다.　　④ 지지 애자를 사용한다.

해설 26

가스 차단기는 동기 차단기에 비해 소호실이 완전 밀폐 구조로 되어 있어 소음이 거의 없다.
[답] ①

27. 345[kV] 선로의 차단기로 가장 많이 사용되는 것은?
① 진공 차단기　　　　　② 공기 차단기
③ 자기 차단기　　　　　④ 육불화유황 차단기

해설 27

154[kV]나 345[kV] 계통에는 모두 차단 성능이 가장 뛰어난 가스 차단기(육불화유황 차단기)를 사용한다.

[답] ④

28. 차단기와 차단기의 소호 매질이 틀리게 결합된 것은 어느 것인가?
① 공기 차단기 - 압축 공기　　② 가스 차단기 - SF_6 가스
③ 자기 차단기 - 진공　　　　 ④ 유입 차단기 - 절연유

해설 28

자기 차단기는 별도의 자기 회로에서 발생하는 자기력으로 아크를 소호시키는 차단기이다.

[답] ③

29. 차단기의 정격 투입 전류는 정격 차단 전류(실효값)의 몇 배를 표준으로 하는가?
① 1.5　　　② 2.5　　　③ 3.5　　　④ 5

해설 29

정격 투입 전류 : 투입 전류의 최초 주파수(최대값)으로서, 정격 차단 전류(실효값)의 2.5배를 표준으로 한다.

[답] ②

30. 차단기의 정격 투입 전류란 투입되는 전류의 최초 주파의 무엇으로 표시되는가?

① 실효값　　② 평균값　　③ 최대값　　④ 순시값

해설 30

차단기의 정격 투입 전류 : 차단기의 투입 전류의 최초 주파수의 최대값으로 표시되며, 크기는 정격 차단 전류(실효값)의 2.5배를 표준으로 한다.

[답] ③

31. 차단기의 표준 동작 책무가 O-1분-CO-3분-CO 부호인 것은 다음 어느 경우에 적합한가? (단, O : 차단 동작, C : 투입 동작, CO : 투입 동작에 뒤따라 곧 차단 동작이다.)

① 일반 차단기　　　　　　　　② 자동 재폐로용
③ 정격 차단 용량 50[mA] 미만의 것　　④ 차단 용량 무한대의 것

해설 31

표준 동작 책무 : 차단기의 어느 시간 간격을 두고 행하여지는 일련의 동작을 규정한 것
(1) 일반용(갑호) : O-1분-CO-3분-CO
(2) 일반용(을호) : CO-15초-CO
(3) 고속도 재투입용 : O-t(임의의 시간)-CO-1분-CO

[답] ①

32. 차단기의 차단 책무가 가벼운 것은?

① 중성점 저항 접지 계통의 지락 전류 차단
② 중성점 직접 접지 계통의 지락 전류 차단
③ 중성점을 소호 리액터로 접지한 장거리 송전 선로의 충전 전류 차단
④ 송전 선로의 단락 사고 시의 차단

해설 32

차단기의 '차단 책무가 가볍다.'라는 의미는 고장 전류가 가장 적다는 것으로서, 충전 전류는 고장 전류가 아닌 선로나 기기에 충전되어 남아 있는 전류로서 차단하기가 가장 쉽다.

[답] ③

33. 재폐로 차단기에 대한 설명으로 옳은 것은?
   ① 배전 선로용은 고장 구간을 고속 차단하여 제거한 후 다시 수동 조작에 의해 배전이 되도록 설계된 것이다.
   ② 재폐로 계전기와 함께 설치하여 계전기가 고장을 검출하여 이를 차단기에 통보, 차단하도록 된 것이다.
   ③ 송전 선로의 고장 구간을 고속 차단하고 재송전하는 조작을 자동적으로 시행하는 재폐로 차단 장치를 장비한 자동 차단기이다.
   ④ 3상 재폐로 차단기는 1상의 차단이 가능하고 무전압 시간을 약 20~30초로 정하여 재폐로 하도록 되어 있다.

해설 33

재폐로 차단기 : 계통에서 발생하는 사고의 대부분은 1선 지락과 같은 순간적인 고장이 대부분이므로 차단 후 어느 일정한 시간이 경과한 후에 다시 재투입 시키면 정전 시간을 단축시킬 수 있다.

[답] ③

34. 초고압 차단기에서 개폐 저항기를 사용하는 이유는?
   ① 개폐 서지 이상 전압(SOV) 억제
   ② 차단 전류 감소
   ③ 차단 속도 증진
   ④ 차단 전류의 역률 개선

해설 34

개폐 저항기는 차단기와 병렬로 설치하여 차단기 개방 시에 발생하는 개폐 서지를 감소시킬 목적으로 설치한다.

[답] ①

35. 고장 전류와 같은 대전류를 차단할 수 있는 것은?
① 단로기(DS) ② 선로 개폐기(LS)
③ 유입 개폐기(OS) ④ 차단기(CB)

해설 35

고장 전류와 같은 대전류는 차단 시 매우 큰 아크가 발생하므로 이를 신속히 소호시키는 장치가 있는 차단기로서만이 차단이 가능하다.

[답] ④

36. 인터록(interlock)의 설명으로 옳게 된 것은?
① 차단기가 열려 있어야만 단로기를 닫을 수 있다.
② 차단기가 닫혀 있어야만 단로기를 닫을 수 있다.
③ 차단기와 단로기는 제각기 열리고 닫힌다.
④ 차단기의 접점과 단로기의 접점이 기계적으로 연결되어 있다.

해설 36

차단기와 단로기의 조작 순서
(1) 투입 시 : 단로기(DS) 투입 → 차단기(CB) 투입
(2) 차단 시 : 차단기(CB) 개방 → 단로기(DS) 개방
(3) 위와 같은 동작을 인터록(Interlock)이라 한다.

[답] ①

37. 다음 중 부하 전류 차단 능력이 없는 것은?
① NFB ② OCB ③ VCB ④ DS

해설 37

단로기(DS)는 내부에 소호 장치가 없으므로 고장 전류나 부하 전류 차단 능력은 없으며, 단지 무부하 상태에서 개폐할 수 있다.

[답] ④

38. Recloser(R), Sectionalizer(S), Fuse(F)의 보호 협조가 불가능한 배열은?
(단, 왼쪽은 후비 보호, 오른쪽은 전위 보호 역할이다.)
① R-R-F
② R-S
③ R-F
④ S-F-R

해설 38

배전 선로의 보호 장치는 항상 배열 방식이 Recloser(R) → Sectionalizer(S) → Fuse(F)의 순서이다. 따라서, S-F-R의 배열은 불가하다.

[답] ④

39. 다음 그림과 같은 배전선이 있다. 부하에 급전 및 정전할 때 조작 방법 중 옳은 것은?

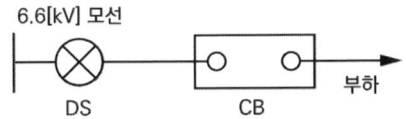

① 급전 및 정전할 때는 항상 DS, CB순으로 한다.
② 급전 및 정전할 때는 항상 CB, DS순으로 한다.
③ 급전 시는 DS, CB순이고 정전 시는 CB, DS순이다.
④ 급전 시는 CB, DS순이고 정전 시는 DS, CB순이다.

해설 39

차단기와 단로기의 조작 순서
(1) 투입 시 : 단로기(DS) 투입 → 차단기(CB) 투입
(2) 차단 시 : 차단기(CB) 개방 → 단로기(DS) 개방
(3) 위와 같은 동작을 인터록(Interlock)이라 한다.

[답] ③

40. 전력 퓨즈(fuse)에 대한 설명 중 옳지 않은 것은?
① 차단 용량이 크다.   ② 보수가 간단하다.
③ 정전 용량이 크다.   ④ 가격이 저렴하다.

> **해설 40**
> 전력 퓨즈(PF)는 소형이면서도 비교적 차단 용량이 큰 보호 장치로서, 보수가 용이하고 가격이 저렴하다.
>
> [답] ③

41. 한류 리액터를 사용하는 가장 큰 목적은?
① 충전 전류의 제한   ② 접지 전류의 제한
③ 누설 전류의 제한   ④ 단락 전류의 제한

> **해설 41**
> 단락 전류를 억제하기 위하여 한류 리액터를 계통에 직렬로 삽입하여 계통의 임피던스 값을 크게 하여 단락 전류를 억제한다.
>
> [답] ④

Chapter 08

보호 계전기

01. 보호 계전 시스템

02. 보호 계전기의 종류

03. 비율 차동 계전기 (87 : Percentage Differential R/y)

04. 거리(임피던스) 계전기

05. 송전 선로의 단락 사고 보호 시스템

06. 표시선(Pilot-wire) 보호 시스템

07. 계기용 변성기 (PT, CT)

- 적중실전문제

Chapter 08 보호 계전기

01 보호 계전 시스템

1) 보호 계전 시스템의 정의

전력 계통의 운전 상태를 계기용 변압기(PT)와 계기용 변류기(CT)를 통하여 계통의 상태를 확인한 후에 동작 신호를 차단기의 트립 코일(T.C)에 보내어 차단기를 신속, 정확하게 동작시켜 전력 계통을 보호하는 것이다.

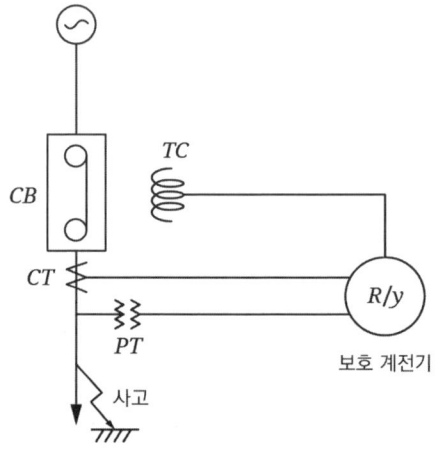

〈 보호 계전 시스템의 개념도 〉

2) 보호 계전기의 구비 조건

(1) 고장의 정도 및 위치를 정확히 파악할 것

(2) 보호 계전기 동작이 정확하고 신속할 것

(3) 소비 전력이 적고 경제적일 것

(4) 오래 사용하여도 특성 변화가 없을 것

> **예제 1**
> 보호 계전기가 구비하여야 할 조건이 아닌 것은?
> ① 보호 동작이 정확, 확실하고 감도가 예민할 것
> ② 열적, 기계적으로 견고할 것
> ③ 가격이 싸고, 또 계전기의 소비 전력이 클 것
> ④ 오래 사용하여도 특성의 변화가 없을 것
>
> 【해설】
> 보호 계전기의 구비 조건
> (1) 고장의 정도 및 위치를 정확히 파악할 것
> (2) 보호 계전기 동작이 정확하고 신속할 것
> (3) 소비 전력이 적고 경제적일 것
> (4) 오래 사용하여도 특성 변화가 없을 것
>
> [답] ③

02 보호 계전기의 종류

1) 동작 시간에 따른 보호 계전기의 종류

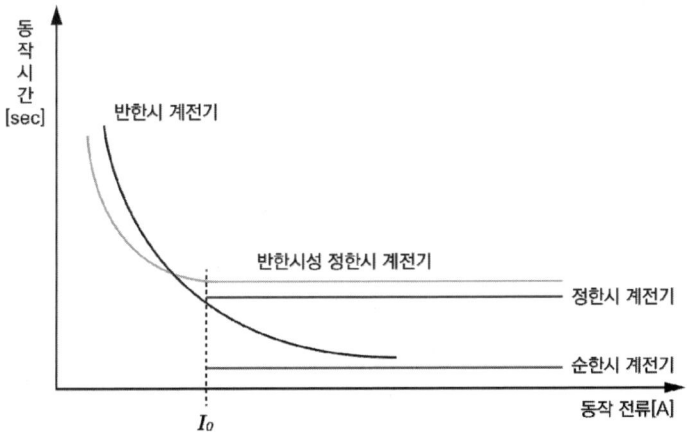

(1) 순한시 계전기
   동작 전류 이상에서 즉시 동작하는 계전기

(2) 정한시 계전기
   동작 전류 이상에서 일정한 시간이 지난 후 동작하는 계전기

(3) 반한시 계전기
동작 전류가 작을 때는 늦게 동작하고, 동작 전류가 클 때는 빨리 동작하는 계전기

(4) 반한시성 정한시 계전기
고장 전류가 적은 동안에는 반한시 특성을 나타내고, 고장 전류가 큰 경우에는 정한시 특성을 나타내는 계전기

예제 2

그림과 같은 특성을 갖는 계전기의 동작 시간 특성은?

① 반한시 특성
② 정한시 특성
③ 비례한시 특성
④ 반한시성 정한시 특성

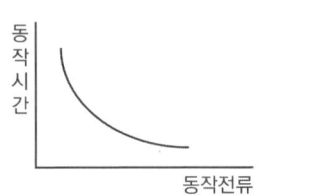

【해설】
반한시 계전기 : 동작 전류가 작을 때는 늦게 동작하고,
　　　　　　　동작 전류가 클 때는 빨리 동작하는 계전기

[답] ①

---

2) 용도에 따른 보호 계전기의 종류

(1) 과전류 계전기(OCR) : Over Current Relay
전류가 일정 값 이상으로 흐를 때 동작하는 계전기(과부하 또는 단락 사고 보호용)

(2) 과전압 계전기(OVR) : Over Voltage Relay
전압이 일정 값 이상이 되었을 때 동작하는 계전기

(3) 부족 전압 계전기(UVR) : Under Voltage Relay
전압이 일정 값 이하로 되었을 때 동작하는 계전기

(4) 지락(접지) 계전기(GR) : Ground Relay
지락 사고 시 발생하는 지락 전류(영상 전류)에 동작하는 계전기

(5) 선택 지락 계전기(SGR) : Selective Ground Relay
병행 2회선 송전선로에서 지락 사고 시 지락이 발생한 회선만을 검출하여 선택 차단할 수 있도록 한 지락 계전기

예제 3

과부하 또는 외부의 단락 사고 시에 동작하는 계전기는?
① 차동 계전기　　　　② 과전압 계전기
③ 과전류 계전기　　　④ 부족 전압 계전기

【해설】
과전류 계전기(OCR : Over Current Relay)
전류가 일정 값 이상으로 흐를 때 동작하는 계전기(과부하 또는 단락 사고 보호용)

[답] ③

03 비율 차동 계전기 (87 : Percentage Differential R/y)

1) 비율 차동 계전기의 용도

　(1) 발전기 보호 : 87G　　(2) 변압기 보호 : 87T　　(3) 모선 보호 : 87B

2) 비율 차동 계전기의 구조 및 결선도

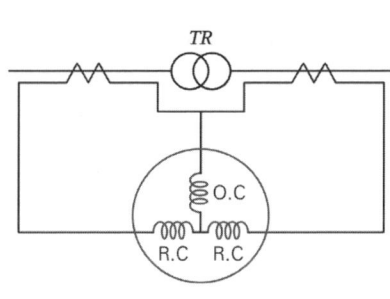

〈비율 차동 계전기 결선도〉

(1) O.C(동작 코일)
　• 계전기의 동작력을 일으키는 여자 코일

(2) R.C(억제 코일)
　• 계전기의 억제력을 일으키는 여자 코일

(3) 동작 비율
　• 동작 코일에 흐르는 전류와 억제 코일에 흐르는 전류의 비율
　(발전기 : 10[%], 변압기 : 30[%])

예제 4

보호 계전기 중 발전기, 변압기, 모선 등의 보호에 사용되는 것은?
① 비율 차동 계전기　　　② 과전류 계전기
③ 과전압 계전기　　　　④ 유도형 계전기

【해설】
비율 차동 계전기(87) : 발전기, 변압기, 모선 보호 계전기

[답] ①

04 거리(임피던스) 계전기

1) 거리 계전기의 용도

(1) 주로 송전 선로 보호용으로 사용된다.

(2) 계전기 설치점에서 고장점까지의 전기적 거리를 전압, 전류의 크기 및 위상차로 판별하여 동작하는 계전기이다.

2) 동작 원리

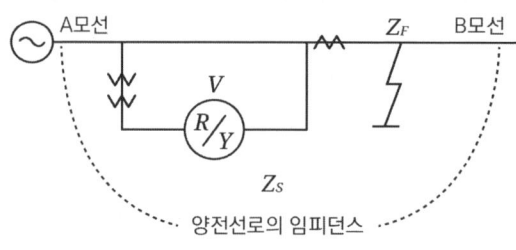
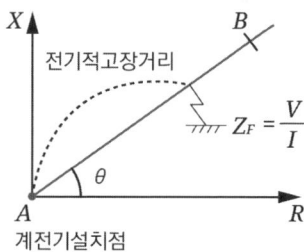

〈 거리 계전기 개념도 〉

(1) R/y 설치점의 전압과 전류비로 고장점까지의 거리를 측정

(2) 계전기 정정임피던스 $Z_s = Z_p \times \dfrac{CT비}{PT비}$ (단, Z_p: 선로 임피던스)

   ① $Z_s > Z_F$ 이면 내부 고장으로 R/y 동작

   ② $Z_s < Z_F$ 이면 외부 고장으로 R/y 부동작

예제 5

다음은 어떤 계전기의 동작 특성을 나타낸 것이다. 계전기의 종류는?
(전압 및 전류를 입력량으로 하여, 전압과 전류의 비의 함수가 예정치 이하로 되었을 때 동작한다.)
① 변화폭 계전기　　　　② 거리 계전기
③ 차동 계전기　　　　　④ 방향 계전기

【해설】
거리 계전기 : 송전 선로의 고장점 거리를 전압과 전류의 비를 이용하여 임피던스 값을 추정

[답] ②

05 송전 선로의 단락 사고 보호 시스템

1) 전원이 1단에만 있는 방사상 선로의 보호

(1) 전원이 1단에만 있는 방사상 선로에서는 고장 전류는 모두 발전소로부터 방사상으로 흘러나간다.

(2) 따라서, 이때 적용해야 할 적당한 계전기는 과전류 계전기(OCR)이다.

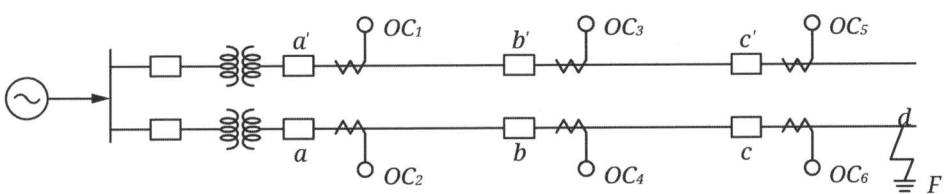

〈 전원이 1개인 방사상 선로의 단락 보호 〉

2) 전원이 양단에 있는 방사상 선로의 보호

(1) 전원이 양단에 있는 경우에는 단락전류가 양측에서 흘러 들어가게 되므로 과전류 계전기만 가지고는 고장 구간을 선택 차단할 수 없다.

(2) 이러한 경우에는 그림과 같이 방향 단락 계전기(DSR)와 과전류 계전기(OCR)를 조합시켜서 보호한다.

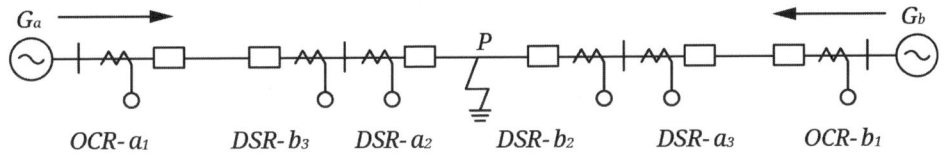

〈 전원이 2개인 방사상 선로의 단락 보호 〉

3) 전원이 1단에 있는 환상 선로의 보호

- 적용 계전기 : 단락 방향 계전기(DSR)를 적용한다.

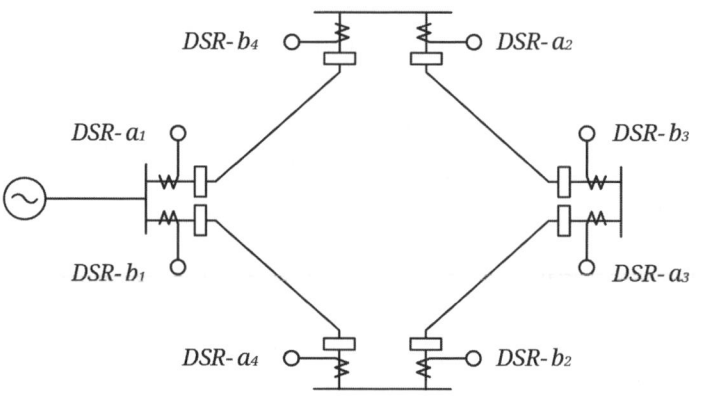

〈 전원이 1개인 환상 선로의 단락 보호 〉

4) 전원이 2개소 이상에 있는 환상 선로의 보호

- 적용 계전기 : 방향 거리 계전기(DZR)를 적용한다.

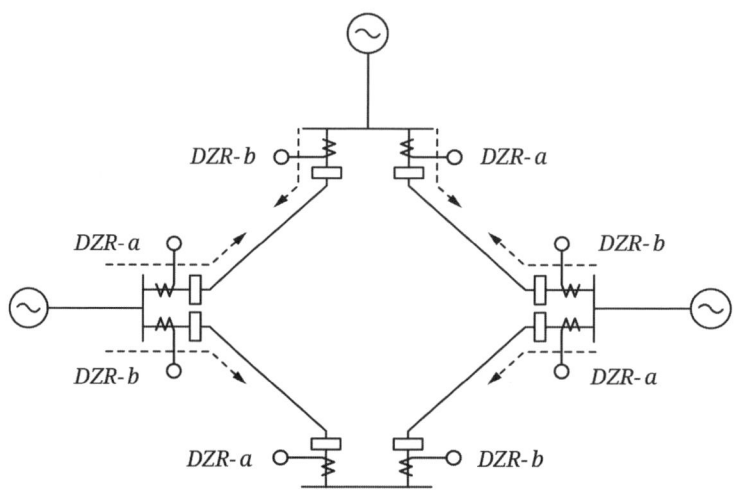

〈 전원이 2개소 이상인 환상 선로의 단락 보호 〉

예제 6

전원이 양단에 있는 방사상 송전선로의 단락 보호에 사용되는 계전기는?
① 방향 거리 계전기(DZ) - 과전압 계전기(OVR)의 조합
② 방향 단락 계전기(DS) - 과전류 계전기(OCR)의 조합
③ 선택 접지 계전기(SGR) - 과전류 계전기(OCR)의 조합
④ 부족 전류 계전기(USR) - 과전압 계전기(OVR)의 조합

【해설】
전원이 양단에 있는 방사상 선로의 보호
(1) 전원이 양단에 있는 경우에는 단락전류가 양측에서 흘러 들어가게 되므로 과전류 계전기만 가지고는 고장 구간을 선택 차단할 수 없다.
(2) 이러한 경우에는 방향 단락 계전기(DSR)와 과전류 계전기(OCR)를 조합시켜서 보호한다.

[답] ②

06 표시선(Pilot-wire) 보호 시스템

1) 표시선 보호 시스템의 용도

(1) 거리 계전기를 이용하여 보통 송전 선로를 보호하지만, 거리 계전기는 고장점 위치를 전기적 요소로 추정하여 검출하므로 정확도에 한계가 있다.

(2) 이를 보완한 보호 계전 방식이 표시선 보호 계전 시스템이다.

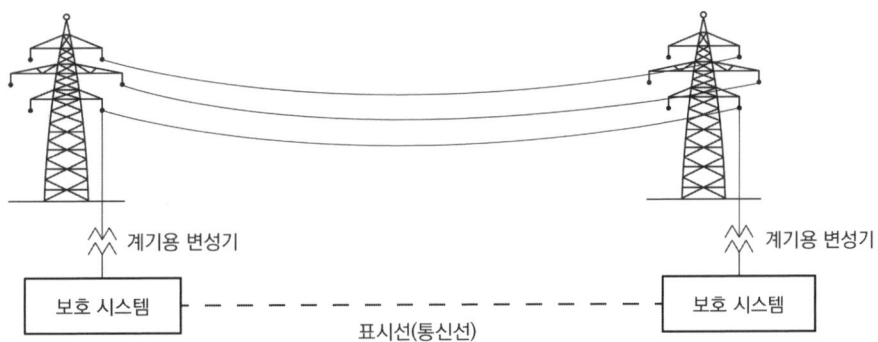

2) 표시선 계전 방식의 종류

(1) 전류 순환 방식   (2) 전압 반향 방식   (3) 방향 비교 방식

3) 전력선 반송 보호 계전 시스템

(1) 표시선 계전 방식의 표시선(통신 선로)을 없앤 것으로 통신 신호를 전력선을 통하여 송·수신한다.

(2) 종류
   ① 방향 비교 방식
   ② 위상 비교 방식
   ③ 고속도 거리 계전기와 조합하는 방식

예제 7

전력선 반송 보호 계전 방식의 장점이 아닌 것은?
① 장치가 간단하고 고장이 없으며 계전기의 성능 저하가 없다.
② 고장의 선택성이 우수하다.
③ 동작이 예민하다.
④ 고장점이나 계통의 여하에 불구하고 선택 차단 개소를 동시에 고속도 차단할 수 있다.

【해설】
전력선 반송 보호 계전 시스템은 송전 선로를 통하여 보호 계전기 동작 신호를 송·수신하므로 장치가 다소 복잡하고 고장이 잦은 편인 단점이 있다.

[답] ①

07 계기용 변성기 (PT, CT)

1) PT와 CT의 비교

항목	PT (계기용 변압기)	CT (계기용 변류기)
(1) 목적	고전압의 측정, 감시를 위한 계기용 변성기로 1차 측의 고전압을 2차 측의 저전압으로 변성	대전류 측정, 감시를 위한 계기용 변성기로 1차 측의 대전류를 2차 측의 소전류로 변성
(2) 접속	주 회로에 병렬 연결	주 회로에 직렬 연결
(3) 2차 접속 부하	전압계, 계전기의 전압 코일, 역률계, 임피던스가 큰 부하	전류계, 전원 릴레이의 전류 코일, 차단기의 트립 코일, 전원 임피던스가 작은 부하
(4) 2차 정격	정격 전압 : 110[V]	정격 전류 : 5[A]
(5) 사용상 유의점	2차 측을 단락하지 말 것	2차 측을 개방하지 말 것
(6) 심벌	⟩⟩	⋀⋀

2) 정격 부담(Burden)

(1) PT와 CT의 2차 측 단자 간에 접속되는 부하의 한도를 말하며, [VA]로 표시한다.

(2) 부담 임피던스 : 부담을 오옴(ohm)으로 나타낸 것

- $VA(I) = I^2 Z, \quad VA(V) = \dfrac{V^2}{Z}$

Z(ohm) 특히 명시하지 않는 한 최대 조건하의 부담
VA(I) : 전류 계전기의 VA
VA(P) : 전압 계전기의 VA

3) PCT(MOF : Metering Out Fit, 계기용 변압 변류기, 계기용 변성기)

- PT와 CT를 한 케이스 내에 내장시킨 것이다.

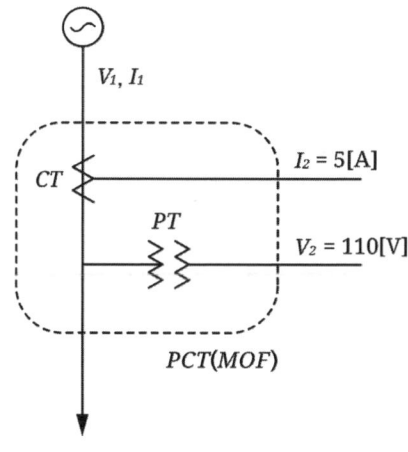

〈 계기용 변성기(MOF) 〉

4) 변류비 선정

(1) 변압기, 수전 회로

- 변류비 $= \dfrac{\text{최대 부하 전류}}{5} \times (1.25 \sim 1.5) [A]$

  ($\therefore k = 1.25 \sim 1.5$: 변압기의 여자 돌입전류를 감안한 여유도)

(2) 전동기 회로

- 변류비 $= \dfrac{\text{최대 부하 전류}}{5} \times (1.5 \sim 2.0) [A]$

  ($\therefore k = 1.5 \sim 2.0$: 전동기의 기동 전류를 감안한 여유도)

(3) 계기용 변성기(MOF)

- 변류비 $= \dfrac{\text{최대 부하 전류}}{5} [A]$

  ($\therefore$ MOF에서는 이미 충분한 절연 설계가 되어 있어 여유를 두지 않는다.)

예제 8

3상으로 표준 전압 3[kV], 600[kW]를 역률 0.85로 수전하는 공장의 수전 회로에 시설할 계기용 변류기의 변류비로 적당한 것은? (단, 변류기의 2차 전류는 5[A]임)

① 10 ② 20 ③ 30 ④ 40

【해설】

(1) 3상 전력 식 $P = \sqrt{3}\, VI\cos\theta\,[\text{W}]$ 에서 변류기 1차 측 전류를 구해보면,

- $I = \dfrac{P}{\sqrt{3}\, V\cos\theta} k = \dfrac{600}{\sqrt{3} \times 3 \times 0.85} \times (1.25 \sim 1.5) = 170 \sim 204\,[\text{A}]$

(2) 따라서, 변류기 1차 측 전류는 200[A]로 선정하여 변류비를 구하면,

- $a = \dfrac{I_1}{I_2} = \dfrac{200}{5} = 40$

[답] ④

Chapter 08. 보호 계전기
적중실전문제

1. 동작전류의 크기에 관계없이 일정한 시간에 동작하는 한시 특성을 갖는 계전기는?
① 순한시 계전기　　　　　　② 정한시 계전기
③ 반한시 계전기　　　　　　④ 반한시성 정한시 계전기

> **해설 1**
> (1) 순한시 계전기
> 　• 동작 전류 이상에서 즉시 동작하는 계전기
> (2) 정한시 계전기
> 　• 동작 전류 이상에서 일정한 시간이 지난 후 동작하는 계전기
>
> 　　　　　　　　　　　　　　　　　　　　　　　　　　　[답] ②

2. 과전류 계전기는 그 용도에 따라 적절한 동작 시한이 있는 것을 선정하여야 하는데 그림에서 반한시 형은?

① ①　　　　　② ②
③ ③　　　　　④ ④

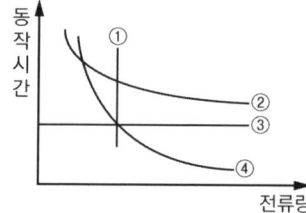

> **해설 2**
> 반한시 계전기
> 　• 동작 전류가 작을 때는 늦게 동작하고, 동작 전류가 클 때는 빨리 동작하는 계전기
>
> 　　　　　　　　　　　　　　　　　　　　　　　　　　　[답] ④

3. 최소 동작 전류 이상의 전류가 흐르면 즉시 동작하는 계전기는?
   ① 반한시 계전기　　　　　　　② 정한시 계전기
   ③ 순한시 계전기　　　　　　　④ Nothing 한시 계전기

   > **해설 3**
   >
   > (1) 순한시 계전기
   >   • 동작 전류 이상에서 즉시 동작하는 계전기
   > (2) 정한시 계전기
   >   • 동작 전류 이상에서 일정한 시간이 지난 후 동작하는 계전기
   >
   > [답] ③

4. 계전기의 반한시 특성이란?
   ① 동작 전류가 커질수록 동작 시간이 길어진다.
   ② 동작 전류가 작을수록 동작 시간이 짧다.
   ③ 동작 전류에 관계없이 동작 시간은 일정하다.
   ④ 동작 전류가 커질수록 동작 시간은 짧아진다.

   > **해설 4**
   >
   > 반한시 계전기
   >   • 동작 전류가 작을 때는 늦게 동작하고, 동작 전류가 클 때는 빨리 동작하는 계전기
   >
   > [답] ④

5. 보호 계전기에서 동작 전류가 적은 동안에는 동작 시간이 길고, 동작 전류가 커질수록 동작 시간이 짧게 되며, 어떤 전류 이상이면 동작 전류의 크기에 관계없이 일정한 시간에 동작하는 특성은?
   ① 정한시 특성
   ② 반한시 특성
   ③ 순한시 특성
   ④ 반한시 정한시성 특성

   해설 5

   반한시성 정한시 계전기
   - 동작 전류가 적은 동안에는 동작 시간이 길고, 동작 전류가 커질수록 동작 시간이 짧게 되며, 어떤 전류 이상이면 동작 전류의 크기에 관계없이 일정한 시간에 동작하는 계전기

   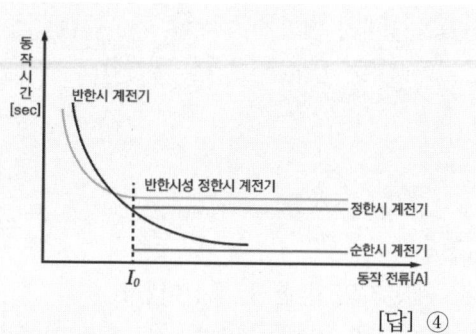

   [답] ④

6. 발전기, 변압기, 선로 등의 단락 보호용으로 사용되는 것으로 보호할 회로의 전류가 정상치보다 커질 때 동작하는 계전기는?
   ① OCR
   ② OVR
   ③ SGR
   ④ UCR

   해설 6

   OCR(과전류 계전기) : 단락 사고 발생 시 전류가 정상값보다 커질 때 동작하는 계전기

   [답] ①

7. 과전류 계전기의 탭 값은 무엇으로 표시되는가?

① 계전기의 최소 동작 전류 ② 계전기의 최대 부하 전류
③ 계전기의 동작 시한 ④ 변류기의 권수비

해설 7

보호 계전기는 사고 발생 시 신속히 동작하여야 하므로 최소 동작 전류에 계전기 동작 탭 값으로 조정하여야 한다.

[답] ①

8. 다음 중 전압이 정정치 이하로 되었을 때 동작하는 것으로서, 단락 고장 검출 등에 사용되는 계전기는 어느 것인가?

① 재폐로 계전기 ② 역상 계전기
③ 부족 전류 계전기 ④ 부족 전압 계전기

해설 8

부족 전압 계전기(UVR) : Under Voltage Relay
- 전압이 일정 값 이하로 되었을 때 동작하는 계전기

[답] ④

9. 모선 보호형 계전기로 사용하면 가장 유리한 것은?

① 재폐로 계전기 ② 옴형 계전기
③ 역상 계전기 ④ 차동 계전기

해설 9

(비율)차동 계전기(87 : PDR)
- 발전기, 변압기, 모선 보호용으로 주로 사용되는 계전기

[답] ④

10. 교류 발전기나 주변압기 보호용으로 가장 적합한 계전기를 기호로 표시하면?

① OCR ② OVR
③ PDR ④ TR

> **해설 10**
>
> (비율)차동 계전기(87 : PDR)
> - 발전기, 변압기, 모선 보호용으로 주로 사용되는 계전기 [답] ③

11. 전류 차동 계전기는 무엇에 의하여 동작하는가?

① 양쪽 전압의 차로 동작한다.
② 양쪽 전류의 차로 동작한다.
③ 전압과 전류의 배수의 차로 동작한다.
④ 정상 전류와 역상 전류의 차로 동작한다.

> **해설 11**
>
> (비율)차동 계전기(87 : PDR)
> - 발전기, 변압기, 모선 보호용으로 주로 사용되는 계전기로서, 보호 대상 양쪽에 설치된 CT의 전류 차로 동작한다. [답] ②

12. 부흐홀쯔 계전기의 설치 위치는?

① 변압기 주 탱크 내부
② 콘서베이터
③ 변압기의 고압 측 부싱
④ 변압기 주 탱크와 콘서베이터를 연결하는 파이프의 도중

> **해설 12**
>
> 부흐홀쯔 계전기(기계식 계전기) : 유입 변압기에서 절연유의 열화를 검출, 보호하는 계전기로서 변압기 탱크와 콘서베이터를 연결하는 파이프 중간에 위치한다. [답] ④

13. 선로의 단락 보호 또는 계통의 탈조 사고 검출용으로 사용되는 계전기는?
  ① 접지 계전기   ② 역상 계전기
  ③ 재폐로 계전기   ④ 거리 계전기

해설 13

거리 계전기(임피던스 계전기)
• 사고 지점의 위치를 전기적 요소인 전압과 전류 값을 검출하여 보호하는 송전 선로 보호 계전기

[답] ④

14. 거리 계전기의 기억 작용이란?
  ① 고장 후에도 건전 전압을 잠시 유지하는 작용
  ② 고장 위치를 기억하는 작용
  ③ 거리와 시간을 판별하는 작용
  ④ 전압, 전류의 고장 전 값을 파악하는 작용

해설 14

거리 계전기는 고장 전의 송전 선로의 자기 보호 구간을 기억하고 있어야 하므로 고장 전의 전압과 전류를 기억하여 자기 보호 구간의 전기적인 거리를 알고 있어야 한다.

[답] ①

15. 발전기의 부하가 불평형이 되어 발전기의 회전자가 과열 소손되는 것을 방지하기 위하여 설치하는 계전기는?
  ① 비율 차동 계전기   ② 역상 과전류 계전기
  ③ 계자 상실 계전기   ④ 과전압 계전기

해설 15

3상 전원에서 불평형이 생기면 역상분 전류가 발생하므로, 이 역상 전류를 검출하여 발전기의 불평형으로 인한 회전자 과열 소손을 방지한다.

[답] ②

16. 파일럿 와이어(pilot wire) 계전 방식에 해당되지 않는 것은?

① 고장점 위치에 관계없이 양단을 동시에 고속 차단할 수 있다.
② 송전선에 평행하도록 양단을 연락한다.
③ 고장 시 장해를 받지 않게 하기 위하여 연피 케이블을 사용한다.
④ 고장점 위치에 관계없이 부하 측 고장을 고속도 차단한다.

해설 16

표시선(pilot wire) 계전 방식
- 송전 선로 보호 구간 양단에 보호 장치를 설치하고 이 사이를 통신 케이블인 파일럿 와이어로서 고장 신호를 검출, 연락하여 고장점 위치에 관계없이 양단을 고속 차단한다.

[답] ④

17. 전력선 반송 보호 계전 방식에서 고장의 선택 방법이 아닌 것은?

① 방향 비교 방식   ② 순환 전류 방식
③ 위상 비교 방식   ④ 고속도 거리 계전기와 조합하는 방식

해설 17

전력선 반송 보호 계전 시스템
(1) 표시선 계전 방식의 표시선(통신 선로)을 없앤 것으로 통신 신호를 전력선을 통하여 송·수신한다.
(2) 종류 : ❶ 방향 비교 방식
         ❷ 위상 비교 방식
         ❸ 고속도 거리 계전기와 조합하는 방식

[답] ②

18. 표시선 계전 방식이 아닌 것은?

① 전압 반향 방식 (opposite voltage system)
② 방향 비교 방식 (directional comparison)
③ 전류 순환 방식 (circulating current system)
④ 반송 계전 방식 (carrier-pilot relaying)

해설 18

표시선 계전 방식의 종류
(1) 전류 순환 방식
(2) 전압 반향 방식
(3) 방향 비교 방식

[답] ④

19. 용량형 전압 변성기(CPD)의 장점이 아닌 것은?

① 공진을 이용하므로 주파수 특성이 좋다.
② 절연 내량이 커서 계전기와 공용할 수 있다.
③ 절연의 신뢰도가 높다.
④ 고장이 나더라도 값싼 예비품으로 신속히 수리된다.

해설 19

용량형 전압 변성기(CPD)의 특징
(1) 절연의 신뢰도가 권선형 변성기에 비해서 우수하다.
(2) 권선형 변성기에 비해 소형·경량이고 가격이 저렴하다.
(3) 전력선 반송용 결합 콘덴서와 공용하여 사용할 수 있다.
(4) 권선형 변성기에 비하여 오차가 크고, 특성이 나쁘다.

[답] ①

20. 변성기의 정격 부담을 표시하는 기호는?

① W ② s ③ dyne ④ VA

해설 20

정격 부담(Burden)
- PT와 CT의 2차 측 단자 간에 접속되는 부하의 한도를 말하며, [VA]로 표시한다.

[답] ④

21. 변류기 개방 시 2차 측을 단락하는 이유는?

① 2차 측 절연 보호
② 2차 측 과전류 보호
③ 측정 오차 방지
④ 1차 측 과전류 방지

해설 21

변류기 2차 측을 개방하면 1차 전류가 모두 여자 전류가 되어 2차 권선에 매우 높은 유기 전압이 유기되어, 절연은 파괴되고 소손될 우려가 있다.

[답] ①

22. 다음 그림과 같이 200/5 [CT] 1차 측에 150[A]의 3상 평형 전류가 흐를 때 전류계 A_3에 흐르는 전류는 몇 [A]인가?

① 3.75 ② 5
③ 7 ④ 10

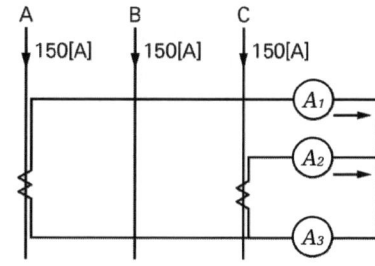

해설 22

$150 \times \dfrac{5}{200} = 3.75[A]$

[답] ①

23. 다음 그림에서 계기 X가 지시하는 것은?

① 정상 전압
② 역상 전압
③ 영상 전압
④ 정상 전류

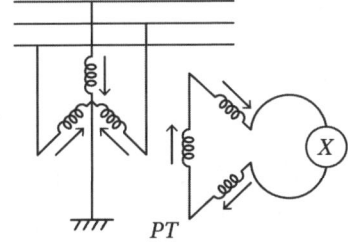

해설 23

$X = V_a + V_b + V_c = (V_0 + V_1 + V_2) + (V_0 + a^2 V_1 + a V_2) + (V_0 + a V_1 + a^2 V_2) = 3 V_0$

즉, 영상 전압이 검출된다.

[답] ③

24. 영상 전류를 검출하는 방법이 아닌 것은?

① 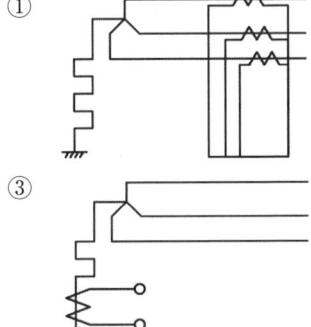 ②

③ ④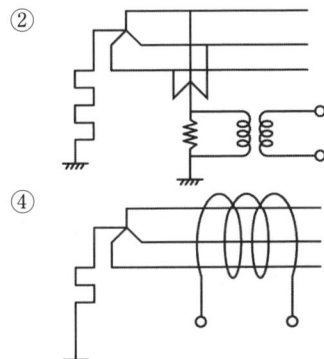

해설 24

(1) ①, ③, ④ : 영상 전류 검출 회로
(2) ② : 영상 전압 검출 회로

[답] ②

25. 변전소에서 비접지 선로의 접지 보호용으로 사용되는 계전기에 영상 전류를 공급하는 계기는?

① C.T ② G.P.T ③ Z.C.T ④ P.T

해설 25

(1) G.P.T(접지형 계기용 변압기) : 영상 전압 검출
(2) Z.C.T(영상 변류기) : 영상 전류 검출

[답] ③

26. 영상 변류기를 사용하는 계전기는?

① 과전류 계전기 ② 과전압 계전기
③ 접지 계전기 ④ 차동 계전기

해설 26

영상 변류기(Z.C.T)로서 영상 전류를 검출하여 지락(접지) 계전기(GR)를 동작시킨다.

[답] ③

27. 수전 설비와 병렬로 자가용 발전기가 설치된 회로에서 발전기 쪽으로 전류가 흐를 경우 동작하는 계전기를 자동 제어 기구 번호로 나타내면?

① 51 ② 67 ③ 80 ④ 90

해설 27

67(DGR) : 지락 방향 계전기
• 방향성이 있으므로, 수전 회로에서 발전기 쪽으로 역전력이 흐르면 동작한다.

[답] ②

28. 3∅ 결선 변압기의 단상 운전에 의한 소손 방지 목적으로 설치하는 계전기는?

① 차동 계전기　　　　　　　② 역상 계전기
③ 과전류 계전기　　　　　　④ 단락 계전기

해설 28

3상 변압기에서 단상 운전이 되면 불평형 상태가 되므로 이로 인해 역상분 전류가 발생하므로, 이 역상 전류를 검출하는 계전기가 역상 계전기이다.

[답] ②

29. UFR(under frequency relay)의 역할로서 적당하지 않은 것은?

① 발전기 보호　　　　　　　② 계통 안전
③ 전력 제한　　　　　　　　④ 전력 손실 감소

해설 29

UFR(저주파 계전기) : 계통의 주파수가 저하하였을 때 동작하는 계전기로서, 전력 계통의 일부 부하를 차단시켜 전력 제한하여 발전기를 보호하고 계통을 안전하게 유지시킨다.

[답] ④

30. 선택 접지 계전기의 용도는?

① 단일 회선에서 접지 전류의 대소 선택
② 단일 회선에서 접지 전류의 방향 선택
③ 단일 회선에서 접지 사고의 지속 시간 선택
④ 다회선에서 접지 고장 회선의 선택

해설 30

선택 접지 계전기(SGR) : 일반적인 지락(접지) 계전기에 선택 기능까지 부여한 것으로서 다회선에서 접지 고장 회선만을 선택하여 차단시킨다.

[답] ④

31. 변압기 운전 중에 절연유를 추출하여 가스 분석을 한 결과 어떤 가스 성분이 증가하는 현상이 발생되었다. 이 현상이 내부 미소 방전(유중 아크 분해)이라면 그 가스는?

① CH_4　　② H_2　　③ CO　　④ CO_2

해설 31

변압기 절연유가 열화되어 발생하는 가스의 대부분은 수소(H_2) 가스이다.

[답] ②

32. 전원이 두 군데 이상 있는 환상 선로의 단락 보호에 사용되는 계전기는?

① 과전류 계전기(OCR)
② 방향 단락 계전기(DS)와 과전류 계전기(OCR)의 조합
③ 방향 단락 계전기(DS)
④ 방향 거리 계전기(DZ)

해설 32

(1) 전원이 1개소인 환상 선로의 단락 사고 보호 : 방향 단락 계전기(DSR)
(2) 전원이 2개소 이상인 환상 선로의 단락 사고 보호 : 방향 거리 계전기(DZR)

[답] ④

33. 전원이 양단에 있는 방사상 송전선로의 단락 보호에 사용되는 계전기는?
   ① 방향 거리 계전기(DZ) – 과전압 계전기(OVR)의 조합
   ② 방향 단락 계전기(DS) – 과전류 계전기(OCR)의 조합
   ③ 선택 접지 계전기(SGR) – 과전류 계전기(OCR)의 조합
   ④ 부족 전류 계전기(USR) – 과전압 계전기(OVR)의 조합

> **해설 33**
>
> (1) 전원이 1개소인 방사상 선로의 단락 사고 보호 : 과전류 계전기(OCR)
> (2) 선원이 2개소인 방사상 선로의 단락 사고 보호 : 방향 단락 계전기(DSR)
>   + 과전류 계전기(OCR)
>
> [답] ②

34. 여러 회선인 비접지 3상 3선식 배전 선로에 지락 방향 계전기를 사용하여 선택 지락 보호를 하려고 한다. 필요한 것은?
   ① CT와 OCR   ② CT와 PT
   ③ 접지 변압기와 ZCT   ④ 접지 변압기와 ZPT

> **해설 34**
>
> 비접지 배전 계통에서는 영상분을 검출하는 접지 회로가 없으므로 반드시 영상 전압과, 영상 전류를 검출하는 접지 변압기(GPT)와 영상 변류기(ZCT)가 필요하다.
>
> [답] ③

35. 발·변전소에서 사용되는 상분리 모선(Isolated Phase Bus)의 특징으로 틀린 것은?
  ① 절연 열화가 적고 선간 단락이 거의 없다.
  ② 다도체로서 대전류를 흘릴 수 있다.
  ③ 기계적 강도가 크고 보수가 용이하다.
  ④ 폐쇄되어 있으므로 안정도가 크고 외부로부터 손상을 받지 않는다.

> **해설 35**
>
> 상분리 모선
> • 발전소와 같은 매우 중요한 모선은 3상의 모선 도체를 각각 별도로 철제 케이스 내에 수납하여 완전 밀봉 구조로 하여 그 안에 SF_6 가스로 절연한 특수한 구조의 모선으로서 단도체 구조이다.
>
> [답] ②

36. 전력선 반송 전화 장치를 송전선에 접속하는 장치로 사용되는 것은?
  ① 정전 방전기 ② 전력용 콘덴서
  ③ 중계 선륜   ④ 결합 콘덴서

> **해설 36**
>
> 전력선 반송 보호 계전 방식
> • 표시선 계전 방식의 표시선(통신 케이블)을 송전 선로를 이용하여 송·수신하는 방식으로서, 반드시 보호 계전기와 송전 선로 사이에 결합 콘덴서로서 연결하여야 한다.
>
> [답] ④

Chapter 09

배전 선로

01. 저압 배전선로의 구성

02. 배전선로의 전기 방식

03. 전압 강하 및 전력 손실

04. 변압기 효율

05. 최대 전력 산출(변압기 용량 결정)에 사용되는 계수

06. 전력 품질 (Power Quality)

07. 배전 계통의 손실 경감 대책

08. 역률 개선

09. 배전선로 보호 장치

10. 배전 전압의 승압

11. 배전 선로의 전압 조정 설비

● 적중실전문제

Chapter 09 배전 선로

01 저압 배전선로의 구성

1) 방사상 방식

(1) 부하의 증설에 따라서 나뭇가지 모양으로 간선이나 분기선을 추가로 접속하는 방식

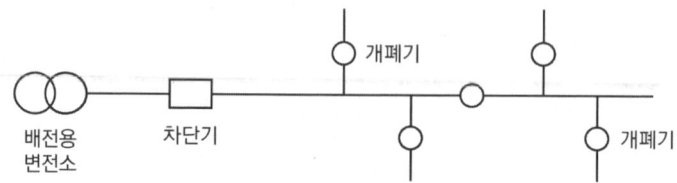

〈 방사상 배전 방식 〉

(2) 구성이 간단하고 공사비가 저렴하다.

(3) 사고에 의한 정전 범위가 크다.

(4) 전압 변동 및 전력 손실이 크다.

2) 저압 뱅킹 방식

(1) 고압 배전선로에 접속되어 있는 2대 이상의 배전용 변압기를 경유해서 저압 측 간선을 병렬 접속하는 방식

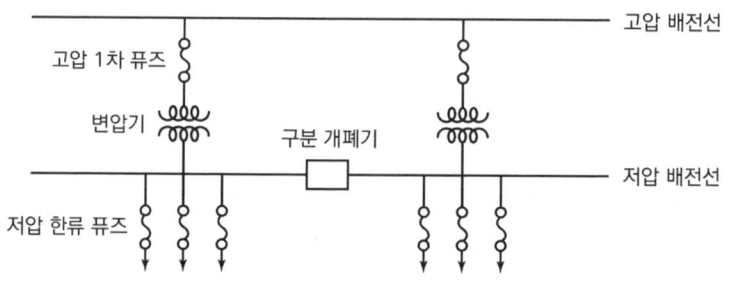

〈 저압 뱅킹 방식 〉

(2) 변압기의 공급 전력을 서로 융통시킴으로써 변압기 용량을 저감할 수 있다.

(3) 전압 변동 및 전력 손실이 경감된다.

(4) 부하의 증가에 대응할 수 있는 탄력성이 향상된다.

(5) 고장 보호 방식이 적당할 때 공급 신뢰도가 향상된다.

(6) 보호 장치가 적당하지 않으면 캐스케이딩 장해를 일으킨다.

3) 저압 네트워크 방식

(1) 배전 변전소의 동일 모선으로부터 2회선 이상의 급전선으로 전력을 공급하는 방식

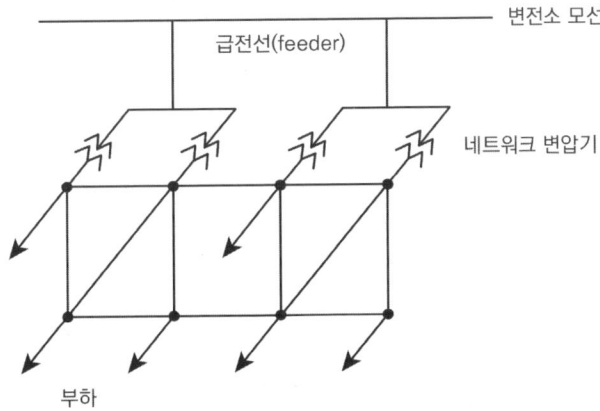

〈 저압 네트워크 방식 〉

(2) 무정전 공급이 가능해서 공급 신뢰도가 높다.

(3) 플리커, 전압 변동률, 전력 손실이 감소된다.

(4) 부하 증가에 대한 적응성이 좋다.

(5) 설비가 비싸고, 특별한 보호 장치를 필요로 한다.

(6) 네트워크 프로텍터 : ① 저압용 차단기   ② 전력 방향 계전기   ③ 퓨즈

예제 1

저압 뱅킹 방식에서 캐스케이딩 현상이란?
① 변압기의 부하 배분이 균일하지 못한 현상
② 저압선의 고장에 의하여 건전한 변압기의 일부 또는 전부가 차단되는 현상
③ 전압 동요가 적은 현상
④ 저압선이나 변압기에 고장이 생기면 자동적으로 제거되는 현상

【해설】
캐스케이딩(cascading) 현상
저압 뱅킹 방식 최대의 단점으로서, 고장 보호 방법이 적당하지 못할 때 배전 선로 어느 한 곳의 사고로 인하여 다른 건전한 변압기나 선로에 사고가 파급되어 확대되는 현상이다.

[답] ②

> **예제 2**
>
> 저압 네트워크 배전 방식에 사용되는 네트워크 프로텍터(network protector)의 구성 요소가 아닌 것은?
> ① 저압용 차단기　　　　　② 퓨즈
> ③ 전력 방향 계전기　　　　④ 계기용 변압기
>
> **【해설】**
> 저압 네트워크 배전 방식의 네트워크 프로텍터
> (1) 저압용 차단기　　(2) 전력 방향 계전기　　(3) 퓨즈
>
> [답] ④

02 배전선로의 전기 방식

1) 전기 방식의 종류

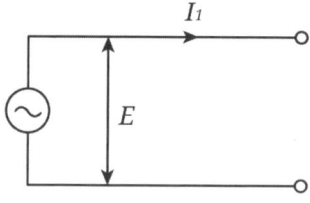

(a) 단상 2선식

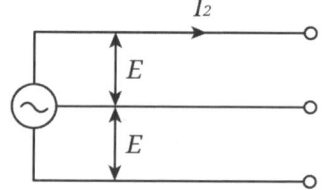

(b) 단상 3선식

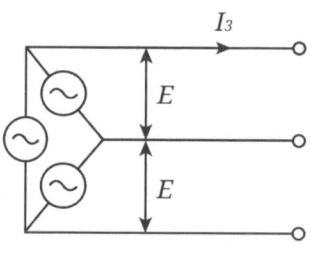

(c) 3상 3선식

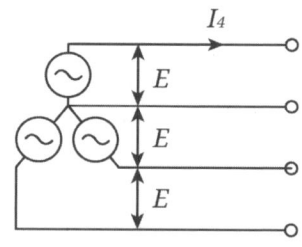

(d) 3상 4선식

2) 각 방식별 전기적 특성 비교

  (1) 총 공급 전력

  ① 단상 2선식 : $P = EI_1$

  ② 단상 3선식 : $P = 2EI_2$

  ③ 3상 3선식 : $P = \sqrt{3}\,EI_3$

  ④ 3상 4선식 : $P = 3EI_4$

  (2) 1선당 공급 전력

  ① 단상 2선식 : $P_1 = \dfrac{1}{2}EI_1$

  ② 단상 3선식 : $P_1 = \dfrac{2}{3}EI_2$

  ③ 3상 3선식 : $P_1 = \dfrac{1}{\sqrt{3}}EI_3$

  ④ 3상 4선식 : $P = \dfrac{3}{4}EI_4$

  (3) 선전류 (공급 전력이 같은 조건)

  ① 단상 2선식 : I_1 (100[%] 기준)

  ② 단상 3선식 : $\dfrac{I_2}{I_1} = \dfrac{\frac{P}{2E}}{\frac{P}{E}} = \dfrac{1}{2}$ $\quad\quad \therefore I_2 = \dfrac{1}{2}I_1\ (50[\%])$

  ③ 3상 3선식 : $\dfrac{I_3}{I_1} = \dfrac{\frac{P}{\sqrt{3}E}}{\frac{P}{E}} = \dfrac{1}{\sqrt{3}}$ $\quad\quad \therefore I_3 = \dfrac{1}{\sqrt{3}}I_1\ (57.7[\%])$

  ④ 3상 4선식 : $\dfrac{I_4}{I_1} = \dfrac{\frac{P}{3E}}{\frac{P}{E}} = \dfrac{1}{3}$ $\quad\quad \therefore I_4 = \dfrac{1}{3}I_1\ (33.3[\%])$

(4) 소요 전선량 (전력 손실이 같은 조건)

① 단상 2선식 : W_1 (100[%] 기준)

② 단상 3선식 : $2I_1^2 R_1 = 2I_2^2 R_2 = 2\left(\dfrac{1}{2}I_1\right)^2 R_2 = \dfrac{1}{2}I_1^2 R_2$

- $\dfrac{R_1}{R_2} = \dfrac{1}{4} = \dfrac{A_2}{A_1}$

$\therefore \dfrac{W_2}{W_1} = \dfrac{3A_2}{2A_1} = \dfrac{3}{2} \times \dfrac{1}{4} = \dfrac{3}{8}$ (37.5[%])

③ 3상 3선식 : $2I_1^2 R_1 = 3I_3^2 R_3 = 3\left(\dfrac{1}{\sqrt{3}}I_1\right)^2 R_3 = I_1^2 R_3$

- $\dfrac{R_1}{R_3} = \dfrac{1}{2} = \dfrac{A_3}{A_1}$

$\therefore \dfrac{W_3}{W_1} = \dfrac{3A_3}{2A_1} = \dfrac{3}{2} \times \dfrac{1}{2} = \dfrac{3}{4}$ (75[%])

④ 3상 4선식 : $2I_1^2 R_1 = 3I_4^2 R_4 = 3\left(\dfrac{1}{3}I_1\right)^2 R_4 = \dfrac{1}{3}I_1^2 R_4$

- $\dfrac{R_1}{R_4} = \dfrac{1}{6} = \dfrac{A_4}{A_1}$

$\therefore \dfrac{W_4}{W_1} = \dfrac{4A_4}{2A_1} = \dfrac{4}{2} \times \dfrac{1}{6} = \dfrac{1}{3}$ (33.3[%])

(5) 전기 방식의 전기적 특성 비교표

종류	총 공급 전력	1선당 전력	선전류	소요 전선비
1∅2W	$P = EI_1$	$P_1 = \dfrac{1}{2}EI_1$	I_1 (100[%] 기준)	W_1 (100[%] 기준)
1∅3W	$P = 2EI_2$	$P_1 = \dfrac{2}{3}EI_2$	$I_2 = \dfrac{1}{2}I_1$ (50[%])	$\dfrac{W_2}{W_1} = \dfrac{3}{8}$ (37.5[%])
3∅3W	$P = \sqrt{3}EI_3$	$P_1 = \dfrac{1}{\sqrt{3}}EI_3$	$I_3 = \dfrac{1}{\sqrt{3}}I_1$ (57.7[%])	$\dfrac{W_3}{W_1} = \dfrac{3}{4}$ (75[%])
3∅4W	$P = 3EI_4$	$P = \dfrac{3}{4}EI_4$	$I_4 = \dfrac{1}{3}I_1$ (33.3[%])	$\dfrac{W_4}{W_1} = \dfrac{1}{3}$ (33.3[%])

> **예제 3**
>
> 배전 선로의 전기 방식 중 전선의 중량(전선 비용)이 가장 적게 소요되는 방식은?
> (단, 배전 전압, 거리, 전력 및 손실 등은 같다.)
> ① 단상 2선식   ② 단상 3선식   ③ 3상 3선식   ④ 3상 4선식
>
> 【해설】
> 배전 방식별 소요 전선 비교
>
> (1) 단상 2선식 : W_1 (100[%] 기준)   (2) 단상 3선식 : $\dfrac{W_2}{W_1} = \dfrac{3}{4}$ (75[%])
>
> (3) 3상 3선식 : $\dfrac{W_3}{W_1} = \dfrac{3}{4}$ (75[%])   (4) 3상 4선식 : $\dfrac{W_4}{W_1} = \dfrac{1}{3}$ (33.3[%])
>
> [답] ④

03 전압 강하 및 전력 손실

1) 전압 강하율

(1) 배전선로에 부하가 접속되면 수전단 전압은 송전단 전압보다 낮아진다. 이 전압의 차를 전압 강하라고 한다.

(2) 전압강하의 크기는 접속된 부하의 크기에 따라 변화하는데 이 전압강하의 수전단 전압에 대한 백분율[%]을 전압 강하율이라고 한다. 즉,

- 전압 강하율[%] $= \dfrac{V_s - V_r}{V_r} \times 100$ [%]

여기서, V_s : 송전단 전압[V], V_r : 수전단 전압[V]

2) 전압 변동률

(1) 전압 변동률은 임의의 주어진 기간 내에서의 부하의 변동에 따라 전압의 변동폭이 어느 정도로 되느냐 하는 변동 범위를 나타내는 것이다.

(2) 전압 변동률은 다음과 같은 식으로 표현된다.

- 전압 변동률[%] $= \dfrac{V_{ro} - V_r}{V_r} \times 100$ [%]

여기서, V_{ro} : 무부하시의 수전단 전압[V],
V_r : 전부하시의 수전단 전압[V]

3) 전력 손실에 관련된 계수

(1) 부하율과 손실계수와의 관계

① 손실계수는 어느 기간 중에서의 최대전류에 대한 평균전류의 비로서 표현되는 부하율(F)과는 다른 것이다.

$$\left(\cdot F = \frac{평균전력}{최대전력}, \quad \cdot H = \frac{평균전력손실}{최대전력손실} \right)$$

② 손실계수는 부하곡선의 모양에 따라서 달라지는데, 그 값은 부하율이 좋은 부하일 경우에는 부하율에 가까운 값이 되고($H ≒ F$), 부하율이 나쁜 부하일 경우에는 부하율의 제곱에 가까운 값으로 되는 경향이 있다. ($H ≒ F^2$)

③ 곧, 평균 수요전력과 최대 수요전력의 비로서 구해지는 부하율 F와 손실계수 H의 사이에는,

- $I \geq F \geq H \geq F^2 \geq 0$ 의 관계가 있다.

예제 4

배전선의 손실 계수 H와 부하율 F와의 관계는?

① $1 \geq F \geq H \geq F^2 \geq 0$
② $1 \geq H \geq F \geq H^2 \geq 0$
③ $1 \geq F \geq F^2 \geq H \geq 0$
④ $1 \geq H \geq H^2 \geq F \geq 0$

【해설】

손실계수는 부하곡선의 모양에 따라서 달라지는데, 그 값은 부하율이 좋은 부하일 경우에는 부하율에 가까운 값이 되고($H ≒ F$), 부하율이 나쁜 부하일 경우에는 부하율의 제곱에 가까운 값으로 되는 경향이 있다($H ≒ F^2$). 즉, $\cdot 1 \geq F \geq H \geq F^2 \geq 0$

[답] ①

---

4) 부하 형태별 전압 강하 및 전력 손실

부하 형태	모양	전압 강하	전력 손실
평등 부하		$\frac{1}{2}$	$\frac{1}{3}$
말단일수록 큰 부하		$\frac{2}{3}$	$\frac{8}{15}$
송전단일수록 큰 부하		$\frac{1}{3}$	$\frac{1}{5}$

예제 5

전선의 굵기가 균일하게 부하가 균등하게 분산 분포되어 있는 배전선로의 전력 손실은 전체 부하가 송전단으로부터 전체 전선로 길이의 어느 지점에 집중되어 있는 손실과 같은가?

① $\dfrac{3}{4}$ ② $\dfrac{2}{3}$ ③ $\dfrac{1}{3}$ ④ $\dfrac{1}{2}$

【해설】
말단 집중 부하의 전압 강하 $e = IR$와 전력 손실 $P_l = I^2R$에 비하여 균등 부하의 전압 강하와 전력 손실은 각각, $e = \dfrac{1}{2}IR$, $P_l = \dfrac{1}{3}I^2R$로 감소한다.

[답] ③

04 변압기 효율

1) 실측 효율

(1) 변압기의 입력과 출력의 실측값으로부터 계산해서 효율을 계산하는 것

(2) 즉, 다음과 같은 식으로부터 실측 효율을 계산한다.

- 실측 효율 = $\dfrac{\text{출력의 측정값}[\text{kW}]}{\text{입력의 측정값}[\text{kW}]} \times 100\,[\%]$

2) 규약 효율

(1) 일정한 규약에 따라 결정한 손실값을 기준으로 계산해서 효율을 계산하는 것

(2) 즉, 다음과 같은 식으로부터 규약 효율을 계산한다.

- 규약 효율 = $\dfrac{\text{출력}[\text{kW}]}{\text{출력}[\text{kW}] + \text{손실}[\text{kW}]} \times 100\,[\%]$

3) 전일 효율

(1) 위의 규약 효율은 주어진 어떤 시각에서의 부하에 대한 값[kW]에 지나지 않으므로 부하가 변동할 경우 효율을 종합적으로 판정하기 위해서는 아래에 정의하는 전일 효율이라는 것을 사용해야 한다.

(2) 즉, 전일 효율은 규약 효율에서 변압기의 어느 일정한 기간(주로 1일간)동안에서의 전력량[kWh]을 가지고 효율을 계산하는 것이다.

- 전일 효율 = $\dfrac{1일간의\ 출력\ 전력량[kWh]}{1일간의\ 출력\ 전력량[kWh] + 1일간의\ 손실\ 전력량[kWh]} \times 100\ [\%]$

4) 최고 효율

(1) 변압기에서는 운전 중에는 반드시 철손(무부하손)과 동손(부하손)이 발생한다.

(2) 따라서, 변압기의 최고 효율은 부하의 운전 상태에 따라서 정해진다.
즉, 하루 동안에 부하 변동이 심할 경우에는 동손이 적게 운전하여야 하며, 하루 동안에 무부하 운전 시간이 많은 경우에는 철손이 적게 되어야 한다.

(3) 보통 변압기의 최고 효율은 다음과 같은 조건에서 이루어진다.

- $P_i = a^2 P_c$

P_i : 철손[W], a : 부하율, P_c : 전부하 시 동손[W]

예제 6

주상 변압기의 1차 측 전압이 일정할 경우, 2차 측 부하가 증가하면 주상 변압기의 동손과 철손은 어떻게 되는가?

① 동손은 증가하고 철손도 증가한다. ② 동손은 증가하고 철손은 감소한다.
③ 동손은 증가하고 철손은 일정하다. ④ 동손과 철손이 모두 일정하다.

【해설】
변압기 운전 중 부하가 증가하게 되면, 철손은 무부하손이므로 부하 변화와 관계없이 일정하고, 동손은 부하손이므로 부하율의 제곱($a^2 P_c$)에 비례해서 증가하게 된다.

[답] ③

05 최대 전력 산출(변압기 용량 결정)에 사용되는 계수

1) 수용률 (Demand Factor)
(1) 전력 소비기기(부하)가 동시에 사용되는 정도
(2) 수용률 $= \dfrac{\text{최대 수용 전력[kW]}}{\text{설비 용량[kW]}} \times 100 [\%]$

2) 부하율 (Load Factor)
(1) 어느 일정기간 중의 부하 변동의 정도를 나타내는 것
(2) 부하율 $= \dfrac{\text{평균 수용 전력[kW]}}{\text{최대 수용 전력[kW]}} \times 100 [\%]$

3) 부등률 (Diversity Factor)
(1) 최대 수요전력의 발생 시각 또는 발생 시기의 분산을 나타내는 지표
(2) 부등률 $= \dfrac{\text{각 부하의 최대전력의 합[kW]}}{\text{합성 최대 전력[kW]}} \geq 1$

4) 최대 수용 전력 결정 과정
(1) · 수용률 $F_{de} = \dfrac{\text{최대 수용 전력[kW]}}{\text{총 설비 용량[kW]}}$ 에서, 최대 수용전력은,

∴ $P_m = $ 총 설비 용량 × 수용률 로 계산

(2) 또한, 합성 최대 전력을 P_{mt} 라고 한다면,

· $P_{mt} = \dfrac{\text{최대 부하 각각의 합}}{\text{부등률}} = \dfrac{\sum P_m}{F_{di}}$

(3) 즉, 수용률과 부등률만 알면, 전 설비 전력에 위 식을 이용하여 수용가의 1군에 대한 합성 최대 수용전력을 계산할 수 있다.

예제 7

어떤 수용가의 1년간의 소비 전력량은 100만[kWh]이고 1년 중 최대 전력은 130[kW]라면 수용가의 부하율은 약 몇 [%]인가?
① 74　　　② 78　　　③ 82　　　④ 88

【해설】

부하율 $= \dfrac{\text{평균 수용 전력[kW]}}{\text{최대 수용 전력[kW]}} \times 100[\%] = \dfrac{\frac{1,000,000}{365 \times 24}}{130} \times 100[\%] \fallingdotseq 88[\%]$　　　【답】④

06 전력 품질 (Power Quality)

1) 플리커 (Flicker)

(1) 플리커의 정의

① 주로 부하 특성에 기인한 전압동요(0.9~1.1[pu])에 의해서, 조명이 깜박이던가, TV 영상이 일그러지는 등의 현상을 말한다.

② 이 현상이 어느 정도 이상이 되면 인간은 심한 불쾌감을 느낀다.

(2) 플리커의 경감 대책

전력 공급자 측 대책	수용가 측 대책
(1) 고압 배전선에 대한 대책 　① 굵은 배전선 사용 　② 전용선으로 공급 　③ 루프 배전방식 채용 　④ 직렬 콘덴서 설치 　⑤ 배전 전압 승압 실시 (2) 저압 배전선에 대한 대책 　① 밸런서(balancer) 설치 　② 저압 배전 방식을 적절히 채용 　　• 저압 뱅킹 방식 　　• 저압 네트워크 방식	(1) 전원계통에 리액터 보상 　① 직렬 콘덴서 설치 　② 3권선 보상 변압기 채용 (2) 전압강하 보상 　① 승압기(booster) 사용 　② 상호 보상 리액터 사용 (3) 부하의 무효전력 변동분 조정 　① 진상 콘덴서 설치 　② 동기 조상기 설치

예제 8

플리커 예방을 위한 수용가 측의 대책이 아닌 것은?
① 공급 전압을 승압한다. ② 전원 계통에 리액터분을 보상한다.
③ 전압 강하를 보상한다. ④ 부하의 무효전력 변동분을 흡수한다.

【해설】
공급 전압을 승압하는 것은 공급자 측의 대책이다.

[답] ①

2) 고조파 (Hamonics)

(1) 전력계통에서의 고조파 발생원
고조파 전류의 발생원은 대부분 전력전자 소자를 사용하는 기기에서 발생된다.
그 종류로는,
① 변환장치(인버터, 컨버터, UPS, VVVF 등)
② 아크로, 전기로 등
③ 형광등, 회전기기, 변압기
④ 과도현상에 의한 것

(2) 고조파 경감 대책
① 전원의 단락 용량 증대
② 공급 배전선의 전용선 화
③ 고조파 부하 분리
④ 계통 변경
⑤ 수동 필터(Passive filter), 능동 필터(Active filter)의 설치
⑥ 변환장치의 다펄스 화
⑦ 리액터(ACL, DCL) 설치
⑧ PWM 방식 채용
⑨ 변압기의 △ 결선

예제 9

송전선로에서 고조파 제거 방법이 아닌 것은?
① 변압기를 △ 결선한다.　　　　② 유도전압 조정 장치를 설치한다.
③ 무효전력 보상 장치를 설치한다.　④ 능동형 필터를 설치한다.

【해설】
유도전압 조정 장치는 배전선로의 전압 조정장치이다.　　　　　　　　　[답] ②

07 배전 계통의 손실 경감 대책

1) 개요
(1) 배전선로의 손실은 선로의 저항손과 배전용 변압기의 철손 및 동손이 주 요인이다.

(2) 일반적으로 배전선로의 전력 손실은 다음과 같다.

2) 배전계통의 손실 경감 대책
(1) 배전전압의 승압
   전력 손실은 공급전압의 제곱에 반비례하여 감소한다.

(2) 역률 개선
   전력 손실은 역률의 제곱에 반비례하여 감소한다.

(3) 변전소 및 변압기의 적정 배치
   ① 변압기가 부하 중심지에서 멀어지게 되면 손실이 증대
   ② 변압기의 배치를 수시로 검토하여, 적정한 배치가 이루어지도록 고려한다.

(4) 변압기 손실의 경감
   ① 변압기의 손실은 철손과 동손이 주요 원인이 된다.
   ② 동손 감소 대책
      • 변압기의 권선수 저감   • 권선의 단면적 증가
   ③ 철손 감소 대책
      • 저손실 철심 재료의 사용 및 고 배향성 규소강판 사용

(5) 적정 배전 방식의 채용
   • 방사상 방식보다는 네트워크 배전 방식을 채용한다.

(6) 부하의 불평형 방지
   ① 부하 평형 운전 시
      • $P_{\ell 1} = 3I^2R = 3 \times 10^2 \times R$
        $= 300R\,[\text{W}]$
   ② 부하 불평형 운전 시
      • $P_{\ell 2} = 5^2R + 10^2R + 15^2R$
        $= 350R\,[\text{W}]$

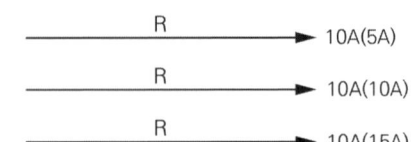

> **예제 10**
>
> 배전 선로의 전력 손실 경감 대책이 아닌 것은?
> ① 역률을 개선한다.　　　　　② 배전 전압을 높인다.
> ③ 네트워크 방식을 채택한다.　　④ 피더 수를 늘린다.
>
> **【해설】**
> 배전 선로의 피더 수를 늘리면 전력 손실이 오히려 더욱 증가한다.
>
> [답] ④

08 역률 개선

1) 역률 개선 방법

(1) 역률은 지상 부하에 의한 지상 무효전력(−jQ) 때문에 저하되므로, 다음과 같이 부하와 병렬로 역률 개선용 콘덴서(진상 무효전력 +jQ 공급) Q_c를 접속한다.

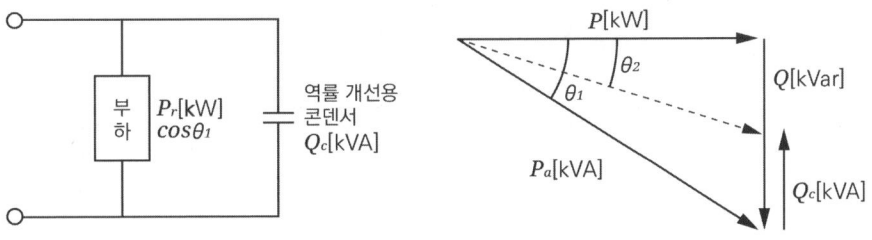

〈계통의 역률 개선 방법〉

(2) 역률 개선용 콘덴서 용량

- $Q_c = P(\tan\theta_1 - \tan\theta_2)\,[\text{kVA}]$

　단, P : 유효 전력[kW], $\tan\theta_1$: 개선 전 역률, $\tan\theta_2$: 개선 후 역률

2) 역률 개선 효과

(1) 배전선로의 전력 손실 경감

(2) 설비 용량의 여유 증가

(3) 전압 강하의 경감

(4) 전기 요금의 절약

예제 11

배전 선로의 역률 개선 효과가 아닌 것은?
① 전력 손실 감소
② 전압 강하 경감
③ 설비 용량 여유 증대
④ 계통의 사고 방지

【해설】
역률 개선 효과
(1) 배전선로의 전력 손실 경감
(2) 설비 용량의 여유 증가
(3) 전압 강하의 경감
(4) 전기 요금의 절약

[답] ④

09 배전선로 보호 장치

1) 보호 장치의 종류

22.9kV-Y 다중 접지 계통에서는 선로의 적절한 위치에 사고를 구분·차단할 수 있는 Recloser-Sectionalizer-Line Fuse의 선로 보호 장치를 설치하며, 이들과 변전소 차단기 간에 보호 협조가 이루어져야 한다.

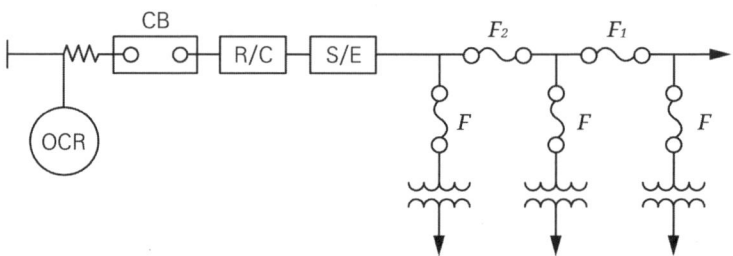

〈배전 선로 보호장치 배치도〉

2) 배전 선로 보호 장치의 배열 방법

- 변전소 차단기 - 리클로우저 - 섹셔널라이저 - 라인 퓨즈

예제 12

공통 중성선 다중접지 방식 배전선로에 있어서 Recloser[R], Sectionalizer[S], Line fuse[F]의 보호 협조에서 보호 협조가 가장 적합한 배열은?
① S-F-R
② S-R-F
③ F-S-R
④ R-S-F

【해설】
배전 선로 보호 장치의 배열 방법
- 변전소 차단기 - 리클로우저 - 섹셔널라이저 - 라인 퓨즈

[답] ④

10 배전 전압의 승압

1) 승압 효과

(1) 공급 용량의 증대

(2) 전력 손실의 감소

(3) 전압 강하(율)의 감소

(4) 지중 배전 방식의 채택 용이

(5) 고압 배전선 연장의 감소

(6) 대용량 전기기기 사용 용이

2) 승압에 따른 안전 대책

(1) 누전 차단기 설치

(2) 제3종 접지 실시

예제 13

다음 중에서 배전선로를 승압하였을 때 효과가 아닌 것은?
① 공급 용량의 증대   ② 대용량 전기기기 사용 용이
③ 전력 손실의 감소   ④ 고압 배전선 연장

【해설】
배전 계통 승압 시 효과
(1) 공급 용량의 증대   (2) 전력 손실의 감소
(3) 전압 강하율의 개선   (4) 지중 배전 방식의 채택 용이
(5) 고압 배전선 연장의 감소 (6) 대용량 전기기기 사용 용이

[답] ④

11 배전 선로의 전압 조정 설비

1) 모선 전압 조정 장치

(1) 유도전압 조정기(IR : Induction Regulator)

(2) 부하 시 탭 절환 변압기 (변압기의 탭 조정 장치)

2) 선로 전압 조정 장치

(1) 선로 전압강하 보상 장치(LDC : Line Drop Compensator)

(2) 직렬 콘덴서

(3) 승압기(Booster)

① 2차 승압 전압 : $E_2 = E_1\left(1 + \dfrac{e_2}{e_1}\right)[\text{V}]$

② 승압기 용량 : $W = e_2 I_2 [\text{VA}]$

③ 부하 용량 : $W_L = E_2 I_2 [\text{VA}]$

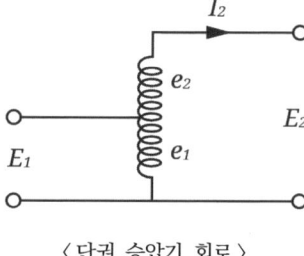

〈단권 승압기 회로〉

예제 14

배전선의 전압을 조정하는 방법으로 적당하지 않은 것은?
① 유도 전압 조정기　　　② 승압기
③ 주상 변압기 탭 전환　　④ 동기 조상기

【해설】
동기 조상기는 배전 선로의 전압 조정 장치가 아니라 송전 계통의 전압 조정 장치이다.

[답] ④

Chapter 09. 배전 선로
적중실전문제

★★★★★

1. 배전 방식에 있어서 저압 방사상식에 비교하여 저압 뱅킹 방식이 유리한 점 중에서 틀린 것은?
   ① 전압 동요가 작다.
   ② 고장이 광범위하게 파급될 우려가 없다.
   ③ 단상 3선식에서는 변압기가 서로 평형 작용을 한다.
   ④ 부하 증가에 대하여 융통성이 좋다.

   해설 1

   저압 뱅킹 방식은 보호 방법이 적당하지 않게 되면, 배전 선로 어느 한 곳의 사고가 다른 건전한 변압기나 배전 선로에 확대되는 캐스케이딩 현상이 발생할 우려가 있다.

   [답] ②

★★★★★

2. 네트워크 배전 방식의 장점이 아닌 것은?
   ① 정전이 적다.   ② 전압 변동이 적다.
   ③ 인축의 접촉 사고가 적어진다.   ④ 부하 증가에 대한 적응성이 크다.

   해설 2

   네트워크 배전 방식은 다른 방식보다는 회로가 그만큼 복잡하므로, 사고 시 사람이나 가축에 대한 접촉 사고 가능성이 커진다.

   [답] ③

3. 저압 네트워크 배전 방식에 사용되는 네트워크 프로텍터의 구성 요소가 아닌 것은?
   ① 저압용 차단기   ② 퓨즈
   ③ 전력 방향 계전기   ④ 계기용 변압기

   해설 3

   네트워크 프로텍터의 구성 요소
   (1) 저압용 차단기   (2) 퓨즈   (3) 전력 방향 계전기

   [답] ④

4. 다음의 배전 방식 중 공급 신뢰도가 가장 우수한 계통 구성 방식은?
   ① 수지상 방식
   ② 저압 뱅킹 방식
   ③ 고압 네트워크 방식
   ④ 저압 네트워크 방식

   해설 4

   배전 방식 중에서 어느 계통 운전 조건하에서도 무정전 공급하기 위해서 구성한 배전 방식이 저압 네트워크 배전 방식이다.

   [답] ④

5. 루프 배전의 이점은?
   ① 전선비가 적게 든다.
   ② 농촌에 적당하다.
   ③ 증설이 용이하다.
   ④ 전압 변동이 적다.

   해설 5

   루프 배전 방식
   (1) 공급 신뢰도가 우수하여, 정전 범위가 적다.
   (2) 전류가 분산되므로 전압 강하, 전압 변동률, 전력 손실이 적다.
   (3) 대도시의 부하 밀도가 높은 지역에 적당하다.
   (4) 전선 소요 비용이 많이 든다.

   [답] ④

6. 다음과 같은 특징이 있는 배전 방식은?

   - 전압 강하 및 전력 손실이 경감된다.
   - 변압기 용량 및 저압선 동량이 절감된다.
   - 부하 증가에 대한 탄력성이 향상된다.
   - 고장 보호 방법이 적당할 때 공급 신뢰도가 향상되며, 플리커 현상이 경감된다.

   ① 저압 네트워크 방식
   ② 고압 네트워크 방식
   ③ 저압 뱅킹 방식
   ④ 수지상 배전 방식

해설 6

저압 뱅킹 방식은 고장 보호 방법이 적당할 경우에만 공급 신뢰도가 우수하고, 고장 보호 방법이 적당하지 못하면 사고가 확대되는 캐스케이딩 현상이 발생한다.

[답] ③

7. 그림과 같이 2차 변전소에 따로 전력을 공급하는 지중 전선로 방식은?

① 평행식　　② 다단식
③ 방사식　　④ 환상식

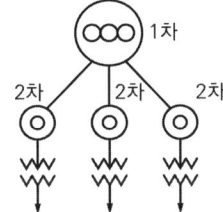

해설 7

방사상 선로
- 변전소에서 부하가 생길 때마다 선로를 인출하여 공급하는 배전 방식

[답] ③

8. 다음 그림이 나타내는 배전 방식은 다음 중 어느 것인가?

① 정전압 병렬식
② 정전류 직렬식
③ 정전압 직렬식
④ 정전류 병렬식

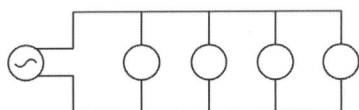

해설 8

문제에 주어진 배전 방식은 변전소에서 부하에 병렬로 접속되는 방식으로서 모든 부하는 같은 전압으로 공급된다.

[답] ①

9. 저압 단상 3선식 배전 방식의 단점은?
   ① 절연이 곤란하다.　　　　② 전압의 불평형이 생기기 쉽다.
   ③ 설비 이용률이 나쁘다.　　④ 2종의 전압을 얻을 수 있다.

> **해설 9**
>
> 단상 3선식 배전 방식은 부하의 불평형으로 인하여 배전 선로 말단에서 전압의 불균형이 생길 수 있으므로 말단 지점에서 밸런서를 설치하여 전압 불평형을 줄인다.
>
> [답] ②

10. 단상 3선식에서 사용되는 밸런서의 특성이 아닌 것은?
   ① 여자 임피던스가 작다.　　② 누설 임피던스가 작다.
   ③ 권수비가 1:1이다.　　　　④ 단권 변압기이다.

> **해설 10**
>
> 밸런서(Balancer)의 특징
> (1) 여자 임피던스가 크다.
> (2) 누설 임피던스가 작다.
> (3) 권수비가 1:1인 단권 변압기를 사용한다.
>
> [답] ①

11. 전선의 굵기가 균일하고 부하가 균등하게 분산 분포되어 있는 배전 선로의 전력 손실은 전체 부하가 송전단으로부터 전체 전선로 길이의 어느 지점에 집중되어 있는 손실과 같은가?
   ① $\dfrac{3}{4}$　　② $\dfrac{2}{3}$　　③ $\dfrac{1}{3}$　　④ $\dfrac{1}{2}$

> **해설 11**
>
> 균등 부하는 말단 집중 부하의 전압강하($e = IR$) 및 전력 손실($P_l = I^2R$)에 비해서 각각, $\dfrac{1}{2}IR$ 및 $\dfrac{1}{3}I^2R$ 정도가 된다.
>
> [답] ③

12. 수전 용량에 비해 첨두 부하가 커지면 부하율은 그에 따라 어떻게 되는가?
　① 낮아진다.
　② 높아진다.
　③ 변하지 않고 일정하다.
　④ 부하의 종류에 따라 달라진다.

> **해설 12**
>
> 부하율은 첨두(최대) 부하가 커지게 되면, 부하율 $= \dfrac{평균\,전력}{최대\,전력} \times 100[\%]$ 의 식에 의해서 낮아지게 된다. 　　　　　　[답] ①

13. 다음 중 그 값이 항상 1 이상인 것은?
　① 전압 강하율　　② 부하율　　③ 수용률　　④ 부등률

> **해설 13**
>
> 부등률 $= \dfrac{각\,부하의\,최대\,수용\,전력의\,합계}{합성\,최대\,수용\,전력} \geq 1$ 　　　　　　[답] ④

14. 수용가군 총합의 부하율은 각 수용가의 수용률 및 수용가 사이의 부등률이 변화할 때 다음 중 옳은 것은?
　① 수용률에 비례하고 부등률에 반비례한다.
　② 부등률에 비례하고 수용률에 반비례한다.
　③ 부등률에 비례하고 수용률에 비례한다.
　④ 부등률에 반비례하고 수용률에 반비례한다.

> **해설 14**
>
> (1) 수용률 $= \dfrac{최대\,전력}{설비\,용량}$ 이므로 이를 부하율에 대입하면,
>
> 　부하율 $= \dfrac{평균\,전력}{최대\,전력} = \dfrac{평균\,전력}{수용률 \times 설비\,용량}$ 이므로, 부하율은 수용률에 반비례한다.
>
> (2) 부등률 $= \dfrac{각\,부하의\,최대\,전력의\,합계}{합성\,최대\,전력}$ 이므로 이를 부하율에 대입하면,

부하율 = $\dfrac{평균 전력}{최대 전력}$ = $\dfrac{평균 전력}{\dfrac{각 부하의 최대 전력의 합계}{부등률}}$

= $\dfrac{평균 전력}{각 부하의 최대 전력의 합계} \times 부등률$ 이므로, 부하율은 부등률에 비례한다.

[답] ②

15. 평균 수용 전력을 A, 합성 최대 전력을 M, 부등률을 D, 부하율 L, 수용률을 C라고 할 때 옳은 것은?

① $A = \dfrac{M}{D}$ ② $A = D \cdot M$ ③ $A = C \cdot M$ ④ $A = L \cdot M$

해설 15

부하율 = $\dfrac{평균 전력}{최대 전력}$ ⇒ $L = \dfrac{A}{M}$ 이므로, $A = L \cdot M$

[답] ④

16. 총 설비 용량 80[kW], 수용률 75[%], 부하율 80[%]인 수용가의 평균 전력[kW]은?

① 36 ② 42 ③ 48 ④ 54

해설 16

$P_e = 80 \times 0.75 \times 0.8 = 48[\text{kW}]$

[답] ③

17. 연간 전력량 E[kWh], 연간 최대 전력 W[kW]인 연 부하율은 몇 [%]인가?

① $\dfrac{E}{W} \times 100$ ② $\dfrac{W}{E} \times 100$ ③ $\dfrac{8,760\,W}{E} \times 100$ ④ $\dfrac{E}{8,760\,W} \times 100$

해설 17

부하율 $= \dfrac{\text{평균 전력}}{\text{최대 전력}} \times 100 = \dfrac{\frac{E}{365 \times 24}}{W} \times 100 = \dfrac{E}{8,760\,W} \times 100$

[답] ④

18. 어떤 수용가의 1년간의 소비 전력량은 100만[kWh]이고 1년 중 최대 전력은 130[kW]라면 수용가의 부하율은 약 몇 [%]인가?

① 74 ② 78 ③ 82 ④ 88

해설 18

부하율 $= \dfrac{\text{평균 전력}}{\text{최대 전력}} \times 100 = \dfrac{\frac{\text{소비 전력량[kWh]}}{365 \times 24[\text{h}]}}{\text{최대 전력[kW]}} \times 100 = \dfrac{1,000,000}{8,760 \times 130} \times 100 = 88[\%]$

[답] ④

19. 수용률 80[%], 부하율 60[%]일 때 설비 용량이 320[kW]인 최대 수용 전력[kW]은?

① 630 ② 400 ③ 190 ④ 256

해설 19

수용률 $= \dfrac{\text{최대전력}}{\text{설비용량}}$ 이므로, 최대 전력 $=$ 수용률 $\times$ 설비 용량 $= 0.8 \times 320 = 256[\text{kW}]$

[답] ④

20. 어떤 건물에서 총 설비 부하 용량이 850[kW], 수용률 60[%]라면, 변압기 용량은 최소 몇 [kVA]로 하여야 하는가? (단, 여기서 설비 부하의 종합 역률은 0.75이다.)

① 500　　② 650　　③ 680　　④ 740

해설 20

(1) 최대 전력 = 850×0.6 = 510[kW]

(2) 변압기 용량 = $\dfrac{최대전력[kW]}{역률} = \dfrac{510[kW]}{0.75} = 680[kVA]$

[답] ③

21. 수용률이 50[%]인 주택지에 배전하는 66/6.6[kV]의 변전소를 설치할 때 주택지의 부하 설비 용량을 20,000[kVA]로 하면 필요한 변압기의 용량[kVA]은? (단, 주상 변압기 배전 간선을 포함한 부등률은 1.3이라 한다.)

① 3,850　　② 7,700　　③ 5,780　　④ 9,500

해설 21

변압기 용량 = $\dfrac{설비용량 \times 수용률}{부등률} = \dfrac{20,000 \times 0.5}{1.3} = 7,700[kVA]$

[답] ②

22. 단상 변압기 3대를 △ 결선으로 운전하던 중 1대의 고장으로 V 결선한 경우 V 결선과 △ 결선의 출력비는 몇 [%]인가?

① 86.6　　② 57.7　　③ 66.6　　④ 52.2

해설 22

V 결선 변압기의 출력비 = $\dfrac{P_v}{P_\triangle} \times 100 = \dfrac{\sqrt{3}P}{3P} \times 100 = 57.7[\%]$

[답] ②

23. 22.9[kV]로 수전하는 어떤 수용가의 최대 부하 250[kVA], 부하 역률 80[%]이고 부하율이 50[%]이다. 월간 사용 전력량[MWh]은 약 얼마인가?
(단, 1개월은 30일로 계산한다.)
① 62   ② 72   ③ 82   ④ 92

해설 23

$W = 250 \times 0.5 \times 0.8 \times (30 \times 24) = 72,000 [\text{kWh}] = 72 [\text{MWh}]$

[답] ②

24. 500[kVA]의 단상 변압기 상용 3대(결선 Δ-Δ), 예비 1대를 갖는 변전소가 있다. 지금 부하의 증가에 응하기 위하여 예비 변압기까지 동원해서 사용한다면 얼마만한 최대 부하[kVA]에 까지 응할 수 있게 되겠는가?
① 2,000   ② 1,730   ③ 1,500   ④ 1,000

해설 24

단상 변압기 상용 3대와 예비 변압기 1대이므로, 총 변압기 대수는 4대가 된다. 따라서, V 결선으로 2조를 구성할 수 있으므로 $2P_v = 2 \times \sqrt{3}P = 2\sqrt{3} \times 500 = 1,732 [\text{kVA}]$

[답] ②

25. 동일한 2대의 단상 변압기를 V 결선하여 3상 전력을 100[kVA]까지 배전할 수 있다면, 똑같은 단상 변압기 1대를 더 추가하여 Δ 결선하면 3상 전력을 얼마 정도까지 배전할 수 있는가?
① 57.7[kVA]   ② 70.7[kVA]   ③ 141.4[kVA]   ④ 173.2[kVA]

해설 25

Δ 결선 출력은 $P_\Delta = 3P$이므로, V 결선의 출력 $P_v = \sqrt{3}P$ 보다 $\sqrt{3}$ 배 커지므로, $P_\Delta = \sqrt{3}P_v = \sqrt{3} \times 100 = 173.2[\text{kVA}]$

[답] ④

26. 단상 변압기 300[kVA] 3대로 △ 결선하여 급전하고 있는데 변압기 1대가 고장으로 제거되었다고 한다. 이때의 부하가 750[kVA]라면 나머지 2대의 변압기는 몇 [%]의 과부하로 되는가?

① 115　　② 125　　③ 135　　④ 145

해설 26

(1) V 결선의 출력 $P_v = \sqrt{3}P = \sqrt{3} \times 300 = 519.62[\text{kVA}]$

(2) 부하가 750[kVA]이므로 과부하율은, $\dfrac{P_L}{P_v} \times 100 = \dfrac{750}{519.62} \times 100 = 144.34[\%]$

[답] ④

27. 일반적으로 부하의 역률을 저하시키는 원인이 되는 것은?

① 전등의 과부하　　② 선로의 충전 전류
③ 유도 전동기의 경부하 운전　　④ 동기 조상기의 중부하 운전

해설 27

유도 전동기는 전동기 내부에 전기자 코일이 많은 부하이므로 전동기에 전류가 흐르면 지상 전류로 되어 전류가 인가한 전압에 비하여 위상이 늦어지게 되므로 역률이 나빠진다. 이러한 현상은 특히 유도 전동기를 경부하 운전할 경우에 더욱더 심해진다.

[답] ③

28. 3상 배전 선로의 말단에 지상 역률 80[%], 160[kW]인 평형 3상 부하가 있다. 부하점에 부하와 병렬로 전력용 콘덴서를 접속하여 선로 손실을 최소로 하려면 전력용 콘덴서 용량은 몇 [kVA]가 필요한가? (단, 여기서 부하단 전압은 변하지 않는 것으로 한다.)

① 90　　② 120　　③ 150　　④ 200

해설 28

(1) 선로 손실이 최소란 의미는, $P_l \propto \dfrac{1}{\cos^2\theta}$ 의 관계에서 역률이 최대 즉, 100[%]란 의미이다.

(2) $Q_c = P\left(\dfrac{\sin\theta_1}{\cos\theta_1} - \dfrac{\sin\theta_2}{\cos\theta_2}\right) = 160\left(\dfrac{0.6}{0.8} - \dfrac{0}{1}\right) = 120[\text{kVA}]$

[답] ②

29. 부하 역률 $\cos\theta$인 배전 선로의 저항 손실은 같은 크기의 부하 전력에서 역률 1일 때의 저항 손실과의 비는?

① $\sin\theta$ ② $\cos\theta$ ③ $\dfrac{1}{\sin^2\theta}$ ④ $\dfrac{1}{\cos^2\theta}$

해설 29

$P_l \propto \dfrac{1}{\cos^2\theta}$ 의 관계에 의해서, $\dfrac{P_{l2}}{P_{l1}} = \dfrac{\cos^2\theta_1}{\cos^2\theta_2} = \dfrac{1^2}{\cos^2\theta} = \dfrac{1}{\cos^2\theta}$

[답] ④

30. 어느 수용가가 당초 역률(지상) 80[%]로 60[kW]의 부하를 사용하고 있었는데 새로이 역률(지상) 60[%]로 40[kW]의 부하를 증가해서 사용하게 되었다. 이때 콘덴서로 합성 역률을 90[%]로 개선하려고 할 경우 콘덴서의 소요 용량[kVA]은 대략 얼마인가?

① 45   ② 48   ③ 50   ④ 100

해설 30

(1) 60[kW], 역률 80[%] 부하의 역률을 90[%]로 개선하기 위한 콘덴서 용량 :
- $Q_{c1} = 60\left(\dfrac{0.6}{0.8} - \dfrac{\sqrt{1-0.9^2}}{0.9}\right) = 16[\text{kVA}]$

(2) 40[kW], 역률 60[%] 부하의 역률을 90[%]로 개선하기 위한 콘덴서 용량 :
- $Q_{c2} = 40\left(\dfrac{0.8}{0.6} - \dfrac{\sqrt{1-0.9^2}}{0.9}\right) = 34[\text{kVA}]$

(3) 따라서, 두 부하의 역률을 90[%]로 개선시키기 위한 총 콘덴서 용량은,
- $Q_c = Q_{c1} + Q_{c2} = 16 + 34 = 50[\text{kVA}]$

[답] ③

31. 피상 전력 P[kVA], 역률 $\cos\theta$인 부하를 역률 100[%]로 개선하기 위한 전력용 콘덴서의 용량은 몇 [kVA]인가?

① $P\sqrt{1-\cos^2\theta}$ ② $P\tan\theta$ ③ $P\cos\theta$ ④ $P\dfrac{\sqrt{1-\cos^2\theta}}{\cos\theta}$

해설 31

$Q_c = P[\text{kW}]\left(\dfrac{\sin\theta_1}{\cos\theta_1} - \dfrac{\sin\theta_2}{\cos\theta_2}\right) = P[\text{kVA}] \times \cos\theta\left(\dfrac{\sin}{\cos\theta} - \dfrac{0}{1}\right) = P\sin\theta = P\sqrt{1-\cos^2\theta}\ [\text{kVA}]$

[답] ①

32. 부하 역률이 0.8인 선로의 저항 손실은 부하 역률이 0.9인 선로의 저항 손실에 비하여 약 몇 배인가?

① 0.7 ② 1.0 ③ 1.3 ④ 1.8

해설 32

$P_l \propto \dfrac{1}{\cos^2\theta}$ 의 관계에 의해서, $\dfrac{P_{l2}}{P_{l1}} = \dfrac{\cos^2\theta_1}{\cos^2\theta_2} = \dfrac{0.9^2}{0.8^2} = \dfrac{0.81}{0.64} = 1.3\ [\text{배}]$

[답] ③

33. 부하 역률 0.8를 0.95로 개선하면 선로 손실은 약 몇 [%] 정도 경감되는가? (단, 수전단 전압의 변화는 없다고 한다.)

① 15 ② 16 ③ 29 ④ 41

해설 33

$P_l \propto \dfrac{1}{\cos^2\theta}$ 의 관계에 의해서, $\dfrac{P_{l2}}{P_{l1}} = \dfrac{\cos^2\theta_1}{\cos^2\theta_2} = \dfrac{0.8^2}{0.95^2} = 0.71(71[\%])$ 이므로 전력 손실 경감율은, 100-71=29[%]이다.

[답] ③

34. 배전 선로의 역률 개선에 따른 효과로 적합하지 않은 것은?
① 전원 측 설비의 이용률 향상
② 전로 절연에 요하는 비용 절감
③ 전압 강하 감소
④ 선로의 전력 손실 경감

> **해설 34**
>
> 역률 개선 효과
> (1) 전력 손실 경감
> (2) 전압 강하 감소
> (3) 설비 용량 여유 증대 (설비 이용률 향상)
> (4) 전기 요금 절약
>
> [답] ②

35. 송전계통에서 콘덴서와 리액터를 직렬로 연결하여 제거시키는 고조파는?
① 제2고조파
② 제3고조파
③ 제5고조파
④ 제7고조파

> **해설 35**
>
> 변압기에서 발생하는 고조파로는 제3고조파와 제5고조파가 있는데,
> (1) 제3고조파 : 변압기를 △ 결선하여 제거
> (2) 제5고조파 : 직렬 리액터를 설치하여 제거
>
> [답] ③

36. 주 변압기 등에서 발생하는 제5고조파를 줄이는 방법은?
① 콘덴서에 직렬 리액터 삽입
② 변압기 2차 측에 분로 리액터 연결
③ 모선에 방전 코일 연결
④ 모선에 공심 리액터 연결

> **해설 36**
>
> 변압기에서 발생하는 고조파로는 제3고조파와 제5고조파가 있는데,
> (1) 제3고조파 : 변압기를 △ 결선하여 제거
> (2) 제5고조파 : 직렬 리액터를 설치하여 제거
>
> [답] ①

37. 전력용 콘덴서 회로에 방전 코일을 설치하는 주목적은?
   ① 합성 역률의 개선
   ② 전원 개방 시 잔류 전하를 방전시켜 인체의 위험 방지
   ③ 콘덴서의 등가 용량 증대
   ④ 계통 전압의 개선

해설 37

방전 코일 : 전력용 콘덴서에 충전되어 있는 잔류 전하를 신속히 방전시켜 작업자의 감전 사고 방지 목적으로 설치한다.

[답] ②

38. 전력용 콘덴서를 변전소에 설치할 때 직렬 리액터를 설치하려고 한다. 직렬 리액터의 용량을 결정하는 식은? (단, f_0는 전원의 기본 주파수, C는 역률 개선용 콘덴서의 용량, L은 직렬 리액터의 용량이다.)

① $2\pi f_0 L = \dfrac{1}{2\pi f_0 C}$ ② $2\pi(3f_0)L = \dfrac{1}{2\pi(3f_0)C}$

③ $2\pi(5f_0)L = \dfrac{1}{2\pi(5f_0)C}$ ④ $2\pi(7f_0)L = \dfrac{1}{2\pi(7f_0)C}$

해설 38

직렬 리액터 용량 결정 식 : $5\omega L = \dfrac{1}{5\omega C} \Rightarrow 2\pi(5f_0)L = \dfrac{1}{2\pi(5f_0)C}$

(1) 이론상 용량 : 콘덴서 용량의 4[%] 리액터
(2) 실제상 용량 : 콘덴서 용량의 6[%] 리액터

[답] ③

39. 3상의 같은 전원에 접속하는 경우, Δ 결선의 콘덴서를 Y 결선으로 바꾸어 이으면 진상 용량은 몇 배가 되는가?

① 3   ② $\sqrt{3}$ ③ $\dfrac{1}{\sqrt{3}}$ ④ $\dfrac{1}{3}$

해설 39

(1) Δ 결선 : $Q_\Delta = 3\omega CE^2 = 3\omega CV^2 [\text{kVA}]$

(2) Y 결선 : $Q_Y = 3\omega CE^2 = 3\omega C\left(\dfrac{V}{\sqrt{3}}\right)^2 = \omega CV^2 [\text{kVA}]$

(3) 따라서, Y 결선은 Δ 결선의 용량보다 $\dfrac{1}{3}$ 이다. [답] ④

40. 선로 전압 강하 보상기(LDC)는?

① 분로 리액터로 전압 상승을 억제하는 것
② 선로의 전압 강하를 고려하여 모선 전압을 조정하는 것
③ 승압기로 저하된 전압을 보상하는 것
④ 직렬 콘덴서로 선로 리액턴스를 보상하는 것

해설 40

선로 전압 강하 보상기(LDC : Line Drop Compensator) :
배전 선로의 저항과 리액턴스에서 발생한 전압 강하를 측정하여 배전 변전소의 변압기 탭을 조정하여 배전 전압을 조정하는 장치이다. [답] ②

41. 부하에 따라 전압 변동이 심한 급전선을 가진 배전 변전소의 전압 조정 장치는?

① 단권 변압기   ② 전력용 콘덴서
③ 주 변압기 탭   ④ 유도 전압 조정기

해설 41

부하에 따라 전압 변동이 심한 배전 선로는 전압 조정 회수가 많으므로 유도 전압 조정기(IR)로서 전압을 조정하는 것이 효과적이다. [답] ④

42. 배전용 변전소의 주 변압기는?

① 단권 변압기　　　　② 삼권 변압기
③ 체강 변압기　　　　④ 체승 변압기

해설 42

(1) 송전용 1차 변전소 : 전압을 승압하여야 하므로 승압용(체승) 변압기 설치
(2) 배전용 2차 변전소 : 전압을 강압하여야 하므로 강압용(체강) 변압기 설치

[답] ③

43. 단상 승압기 1대를 사용하여 승압할 경우 승압 전의 전압을 E_1이라 하면, 승압 후의 전압 E_2는 어떻게 되는가? (단, 승압기의 변압비는 $\dfrac{e_1}{e_2}$이다.)

① $E_2 = E_1 + \dfrac{e_1}{e_2} E_1$　　② $E_2 = E_1 + e_2$

③ $E_2 = E_1 + \dfrac{e_2}{e_1} E_1$　　④ $E_2 = E_1 + e_1$

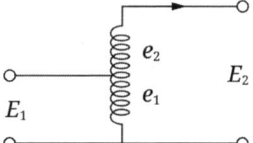

해설 43

$$E_2 = e_1 + e_2 = E_1 + e_2 = E_1 + \dfrac{e_1}{a} = E_1 + e_1\left(\dfrac{e_2}{e_1}\right) = E_1 + E_1\dfrac{e_2}{e_1} = E_1\left(1 + \dfrac{e_2}{e_1}\right)[\text{V}]$$

[답] ③

44. 정격 전압 1차 6,600[V], 2차 210[V]의 단상 변압기 두 대를 승압기로 V 결선하여 6,300[V]의 3상 전원에 접속한다면 승압된 전압[V]은?

① 6,600　　② 6,500　　③ 6,300　　④ 6,200

해설 44

$$E_2 = E_1\left(1 + \dfrac{e_2}{e_1}\right) = 6,300\left(1 + \dfrac{210}{6,600}\right) = 6,500[\text{V}]$$

[답] ②

45. 최근 초고압 송전 계통에 단권 변압기가 사용되고 있는데, 그 특성이 아닌 것은?
① 중량이 가볍다.　　　　　② 전압 변동률이 작다.
③ 효율이 높다.　　　　　　④ 단락 전류가 작다.

해설 45
단권 변압기의 최대의 단점은 1차 권선과 2차 권선이 공통 권선으로 연결되어 있으므로 2차 측의 절연을 낮게 할 수가 없으며, 고장 전류가 1차 측으로 파급되는 문제점이 있다.　　[답] ④

46. 단권 변압기를 초고압 계통의 연계용으로 이용할 때 장점에 해당되지 않는 것은?
① 동량이 경감된다.
② 2차 측의 절연 강도를 낮출 수 있다.
③ 분로 권선에는 누설 자속이 없어 전압 변동률이 작다.
④ 부하 용량은 변압기 고유 용량보다 크다.

해설 46
단권 변압기의 최대의 단점은 1차 권선과 2차 권선이 공통 권선으로 연결되어 있으므로 2차 측의 절연을 낮게 할 수가 없으며, 고장 전류가 1차 측으로 파급되는 문제점이 있다.　　[답] ②

47. 공통 중성선 다중 접지 3상 4선식 배전선로에서 고압 측(1차 측) 중성선과 저압 측(2차 측) 중성선을 전기적으로 연결하는 목적은?
① 저압 측의 단락 사고를 검출하기 위함
② 저압 측의 접지 사고를 검출하기 위함
③ 주상 변압기의 중성선 측 부싱(bushing)을 생략하기 위함
④ 고저압 혼촉 시 수용가에 침입하는 상승 전압을 억제하기 위함

해설 47
변압기 1차 측과 1차 측이 혼촉 사고가 발생하면 1차 측의 대전류가 곧바로 2차 측으로 흐르게 되어 저압 회로에 전압을 상승시키게 되므로 이에 대비하여 고압 측과 저압 측 중성선을 전기적으로 연결시킨다.　　[답] ④

48. 주상 변압기의 2차 측 접지공사는 어느 것에 의한 보호를 목적으로 하는가?

① 2차 측 단락
② 1차 측 접지
③ 2차 측 접지
④ 1차 측과 2차 측의 혼촉

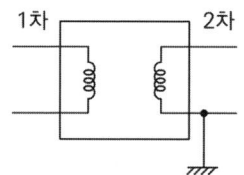

해설 48

주상 변압기는 1차 측과 2차 측이 전기적으로 연결되는 혼촉 사고에 의한 2차 측 전압 상승을 방지하기 위하여 2차 측에 접지 공사를 반드시 하여야 한다. [답] ④

49. 주상 변압기에 시설하는 캐치 홀더는 어느 부분에 직렬로 삽입하는가?

① 1차 측 양선
② 1차 측 1선
③ 2차 측 비접지 측선
④ 2차 측 접지 측선

해설 49

주상 변압기 보호 장치
(1) 고압(22.9[kV] 측) : COS(컷 아웃 스위치)를 비접지 측선에 설치
(2) 저압(220/380[V] 측) : Catch Holder(캐치 홀더)를 비접지 측선에 설치 [답] ③

50. 절연 내력을 시험하기 위해 시험용 변압기를 사용하였다. 이때 전압 조정을 하기 위하여 일반적으로 가장 많이 사용되는 것은?

① 수저항 전압 조정기
② 유도 전압 조정기
③ 소형 발전기의 변속 장치
④ 다단식 저항 전압 조정기

해설 50

전력 기기의 절연 내력 시험을 하기 위해서는 시험용 전원의 전압 조정을 연속적으로 세밀하게 조정하면서 시험하여야 하므로 가장 성능이 뛰어난 유도 전압 조정기가 가장 적당하다. [답] ②

수력 발전

01. 수력학

02. 수력 발전소의 출력

03. 수차 (Turbine)

04. 조압 수조 (Surge Tank)

05. 캐비테이션 (Cavitation : 공동 현상)

06. 수차의 특유 속도 (N_s, 비속도 : Specific Speed)

07. 양수 발전소

- 적중실전문제

Chapter 10 수력 발전

01 수력학

1) 연속의 원리

(1) 정의
① 유체에 대한 질량보존의 법칙이 성립한다는 것
② 즉, 그림에서 A, B 두 지점에 통과하는 물의 양은 같다.
- $Q_1 = Q_2$ (Q : 물의 유량[m³/s])

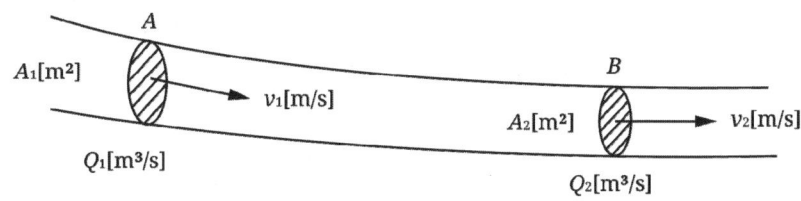

〈수압 철관 내의 유수의 흐름〉

(2) 내용
① 물을 관으로 둘러싸여 있고, 도중에 누유가 없으며, 비압축성으로 간주하면, A, B 두 지점에서의 유량(Q)은,
- $Q_1 = A_1 v_1 [\text{m}^3/\text{s}]$
- $Q_2 = A_2 v_2 [\text{m}^3/\text{s}]$ ∴ $Q_1 = Q_2$

으로 되고, 이를 연속의 원리라 한다.

② 위 ①식에서, $Q = Av$를 적용하여,
- $Q_1 = Q_2$ → $A_1 v_1 = A_2 v_2$

가 성립하게 된다.

예제 1

그림에서 A, B 두 지점의 단면적을 각각 1.2[m²], 0.4[m²]이라 하고
A에서의 유속 v_1을 0.3[m/sec]라 할 때, B에서의 유속 v_2는 몇 [m/sec]이겠는가?

① 0.9 ② 1.2
③ 3.6 ④ 4.8

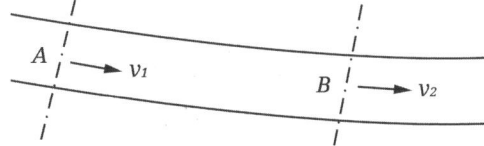

【해설】
연속의 원리에 의해서, • $Q_1 = Q_2$ ⇒ • $A_1 v_1 = A_2 v_2$

• $v_2 = \dfrac{A_1}{A_2} v_1 = \dfrac{1.2}{0.4} \times 0.3 = 0.9 [\text{m/sec}]$ [답] ①

2) 베르누이의 정리

(1) 정의

① 유체에 대한 에너지 보존의 법칙이 성립한다는 것

② 즉, 유체가 가지고 있는 위치 에너지(h), 압력 에너지($\dfrac{p}{\omega}$), 속도 에너지($\dfrac{v^2}{2g}$)의 합은 일정하다는 것이다.
(ω : 물의 체적당 중량 (=1,000[kg/m³],
g : 중력 가속도 (=9.8[m/s²])

(2) 수식

• $h + \dfrac{p}{\omega} + \dfrac{v^2}{2g} = H [\text{m}]$

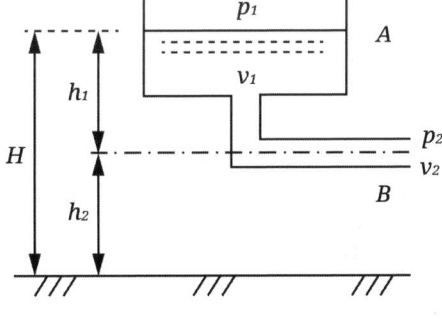

〈 베르누이 정리 개념도 〉

예제 2

수압관 안의 1점에서 흐르는 물의 압력을 측정한 결과 $7[kg/cm^2]$이고, 유속을 측정한 결과 $49[m/sec]$이었다. 그 점에서의 압력 수두는 몇 [m]인가?

① 30 ② 50 ③ 70 ④ 90

【해설】

물의 압력은, $7[kg/cm^2] = \dfrac{7[kg]}{10^{-4}[m^2]} = 70,000[kg/m^2]$이고,

물의 중량 $\omega = 1,000[kg/m^3]$이므로 압력 수두는, • $H = \dfrac{P}{\omega} = \dfrac{70,000}{1,000} = 70[m]$

[답] ③

3) 토리첼리의 정리

(1) 정의

수력 발전소에서 맨 하단의 수압관에서 분출되는 물의 속도를 구하는 것이다.

(2) 내용

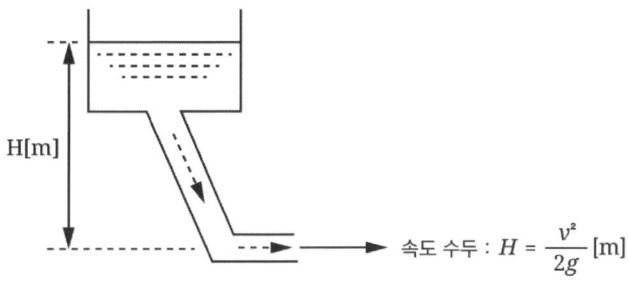

① 분출되는 물의 유속은 $v = \sqrt{2gH}\,[m/s]$이다.

② 그런데, 실제로는 마찰 손실 등으로 물의 속도는 약간 작아지게 되어,

• $v = k\sqrt{2gh}\,[m/s]$ (∴ k : 유속계수 (= 0.95~0.99))으로 된다.

예제 3

유효 낙차 400[m]의 수력 발전소가 있다. 펠턴 수차의 노즐에서 분출하는 물의 속도를 이론값의 0.95배로 한다면 물의 분출 속도는 몇 [m/sec]인가?

① 42 ② 50 ③ 65 ④ 84

【해설】

• $v = k\sqrt{2gh} = 0.95\sqrt{2 \times 9.8 \times 400} = 84[m/s]$

[답] ④

02 수력 발전소의 출력

1) 수력 발전소의 각 부분의 출력

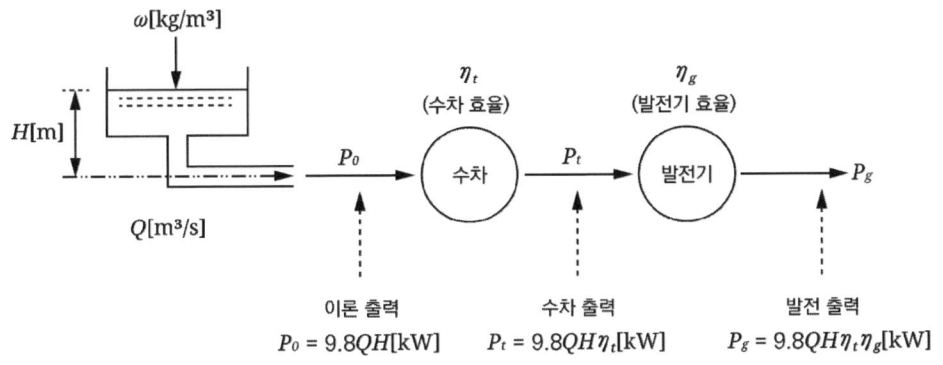

〈 수력 발전소의 출력 개념도 〉

이론 출력 $P_0 = 9.8QH$[kW]

수차 출력 $P_t = 9.8QH\eta_t$[kW]

발전 출력 $P_g = 9.8QH\eta_t\eta_g$[kW]

2) 수력 발전소 건설을 위한 유량 곡선

(1) 유량도
   가로축에 1년(365일)을, 세로축에 매일의 하천 유량을 기입한 것

(2) 유황 곡선
   유량도 작성 후, 이 유량도를 사용하여 가로축에 1년의 일수를, 세로축에 유량을 취하여 매일의 유량 중에서 큰 것부터 1년분을 배열한 곡선

(3) 적산 유량 곡선
   매일 수량을 차례로 적산하여 가로축에 일수를, 세로축에 적산 수량을 그린 곡선

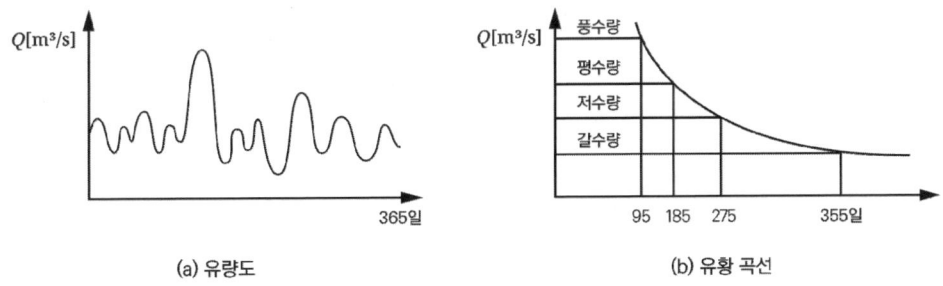

(a) 유량도 (b) 유황 곡선

> **예제 4**
>
> 유효 낙차 100[m], 최대 사용 수량 20[m³/s]인 발전소의 최대 출력은 약 몇 [kW]인가?
> ① 14,160　　② 19,600　　③ 24,990　　④ 33,320
>
> 【해설】
> $P = 9.8QH[\text{kW}] = 9.8 \times 20 \times 100 = 19,600[\text{kW}]$
>
> [답] ②

03 수차 (Turbine)

1) 수차의 정의

수차는 물이 가지고 있는 위치수두(h), 압력수두($\frac{p}{w}$), 속도수두($\frac{v^2}{2g}$) 3종류의 에너지를 기계적인 운동 에너지로 바꾸는 장치이다.

2) 수차 종류별 적용 낙차 범위

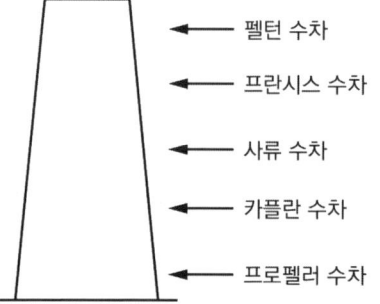

수차 종류	유효낙차[m]	형식
(1) 펠턴	200~1,800	충동
(2) 프란시스	50~530	반동
(3) 사류	40~200	반동
(4) 카플란, 프로펠러	5~80	반동

〈 수차 종류별 유효 낙차 범위 〉

3) 수차 종류별 특성

(1) 펠턴 수차(충동 수차)
① 원리 : 노즐에서 분사된 물을 러너 주변에 부착한 버킷(bucket)에 작용시켜, 그 충격력으로 회전력을 얻는 수차
② 비속도가 낮아, 고 낙차용
③ 마모 부분의 교체가 용이하다.
④ 사용 노즐 개수, 니들밸브 조정으로 고효율 운전이 가능하다.
⑤ 러너 주위 물에 압력이 걸리지 않아 누수의 염려가 없다.

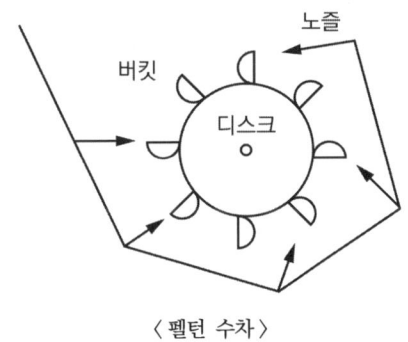

〈 펠턴 수차 〉

(2) 프란시스 수차(반동 수차)
① 원리 : 수압관에서 유입된 고압의 물이 안내 날개를 통해 러너의 반지름 방향으로 들어와 속도를 올린 다음 축방향으로 방향을 바꿔 유출될 때까지 반동력으로 회전력을 얻는 수차
② 적용 낙차 범위가 넓다.(50~530m)
③ 구조가 간단하여 가격이 저렴하다.
④ 고낙차 영역에서는 펠턴 수차보다 소형이 된다.

(3) 사류 수차(반동 수차)
① 원리 : 유수가 러너의 45° 경사로 통과하는 구조
② 고낙차에 따른 러너 날개에 작용하는 하중이 작다.
③ 변동 낙차에 대해 가동형 날개 조정으로 고효율 운전이 가능하다.

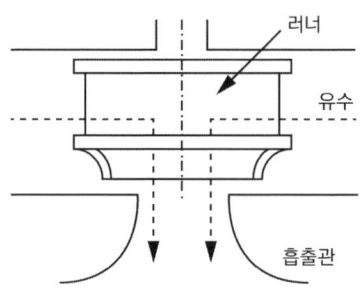
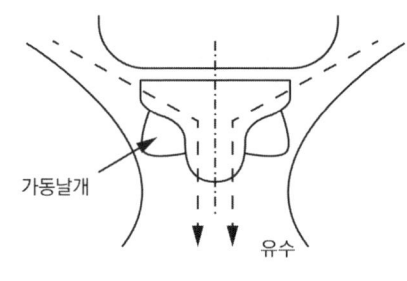

(a) 프란시스 수차   (b) 사류 수차

(4) 프로펠러 수차 (반동 수차)
   ① 프로펠러 수차 = 러너날개 고정식
       카플란 수차 = 러너날개 가동식
   ② 비속도가 높아 저낙차용
   ③ 날개 분해 가능 : 제작, 수송이 편리

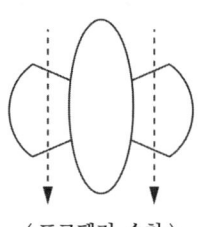

〈프로펠러 수차〉

예제 5

흡출관이 필요하지 않은 수차는?
① 펠톤 수차   ② 프란시스 수차
③ 카플란 수차   ④ 사류 수차

【해설】
펠톤 수차는 200[m] 이상의 고낙차에서 사용하므로 물의 충동력에 의한 속도 에너지를 이용하므로 흡출관이 필요없다. (흡출관은 반동 수차에서만 필요하다.)

[답] ①

04 조압 수조 (Surge Tank)

1) 조압 수조의 역할

(1) 조압수조의 정의

압력 수조와 수압관을 접속하는 장소에 자연 수면을 가진 수조

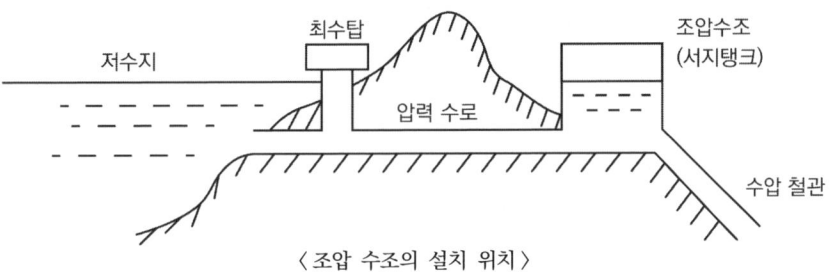

〈 조압 수조의 설치 위치 〉

(2) 조압 수조의 기능

수압관 내에서 발생하는 수격압을 흡수하여 수압관을 보호한다.

2) 조압 수조의 종류

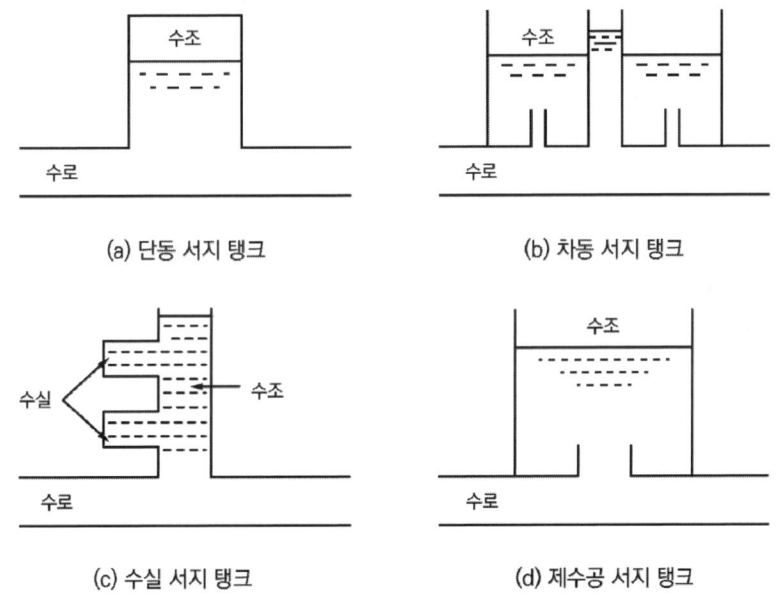

〈 조압 수조의 종류 〉

> **예제 6**
>
> 조압 수조(서지 탱크)의 설치 목적은?
> ① 조속기의 보호   ② 수차의 보호
> ③ 여수의 처리   ④ 수압관의 보호
>
> 【해설】
> 조압 수조는 수압관 내에서 발생하는 수격압을 흡수하여 수압관을 보호한다.
>
> [답] ④

05 캐비테이션 (Cavitation : 공동 현상)

1) 캐비테이션의 정의

수압관내에 흐르는 물이 부하의 급격한 변화로 기포가 생기고, 이 기포가 압력이 높은 곳에 도달되면, 갑자기 터져서 부근의 물체에 큰 충격을 주게 되는 현상을 말한다.

2) 캐비테이션의 영향

(1) 수차를 부식시킨다.
(2) 수차의 진동을 발생시키고, 난조를 일으킨다.
(3) 수차 및 발전기의 효율이 나빠진다.

3) 캐비테이션 방지 대책

(1) 수차의 특유 속도(N_s)를 너무 크게 하지 않을 것
(2) 흡출관의 높이를 너무 높게 취하지 않을 것
(3) 수차 러너를 침식에 강한 스테인레스강, 특수강으로 제작한다.
(4) 러너의 표면을 매끄럽게 가공한다.
(5) 수차의 과도한 부분 부하, 과부하 운전을 피한다.

> **예제 7**
>
> 캐비테이션으로 인한 수력 발전소의 악영향 중 틀린 것은?
> ① 수차의 부식   ② 수차의 진동 발생
> ③ 수차의 효율 저하 ④ 수압관의 보호
>
> 【해설】
> 수격압을 흡수하여 수압관을 보호하는 장치는 조압 수조이다.
>
> [답] ④

06 수차의 특유 속도 (N_s, 비속도 : Specific Speed)

1) 특유 속도의 정의

(1) 실제 수차와 기하학적으로 닮은 모형 수차를 1[m] 낙차에서 1[kW] 출력을 발생시키는 데 필요한 1분간의 회전수[m·kW]를 말한다.

(2) 특유 속도가 크면, 유수에 대한 수차 러너의 상대 속도가 빠르게 된다.

$$N_s = N \times \frac{P^{\frac{1}{2}}}{H^{\frac{5}{4}}} [\text{m} \cdot \text{kW}]$$

N : 실제 수차 회전수[rpm]
P : 출력[kW]
H : 유효 낙차[m]

2) 수차 종류별 특유 속도 한계 범위

수차 종류	유효낙차[m]	N_s의 한계값[m·kW]	
펠턴	200~1,800	$12 \leq N_s \leq 23$	12~23
프란시스	50~530	$N_s \leq \frac{20,000}{H+20} + 30$	65~350
사류	40~200	$N_s \leq \frac{20,000}{H+20} + 40$	150~250
카플란	5~80	$N_s \leq \frac{20,000}{H+20} + 50$	350~800

예제 8

특유 속도가 높다는 것은?
① 수차의 실제의 회전수가 높다는 것이다.
② 유수에 대한 수차 러너의 상대 속도가 빠르다는 것이다.
③ 유수의 유속이 빠르다는 것이다.
④ 속도 변동률이 높다는 것이다.

【해설】
특유 속도는 실제 수차와 기하학적으로 닮은 모형 수차를 1[m] 낙차에서 1[kW] 출력을 발생시키는 데 필요한 1분간의 회전수[m·kW]로서, 특유 속도가 크면 유수에 대한 수차 러너의 상대 속도가 빠르게 된다.   [답] ②

07 양수 발전소

양수 발전소는 심야 경부하 시 잉여 전력을 이용하여 상부 저수지에 양수하였다가 최대 부하(Peak)시 이를 이용하여 발전하는 첨두 부하용 발전소이다.

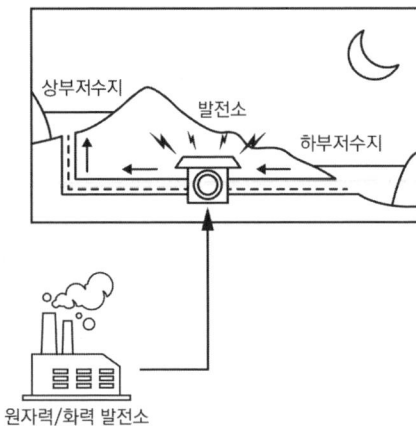

(a) 심야 경부하 시 양수 운전

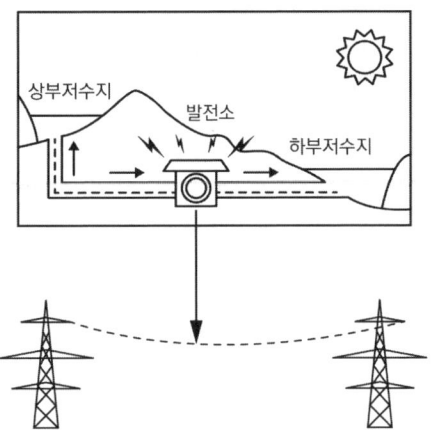

(b) 주간 피크 시 발전 운전

예제 9

전력 계통의 경부하시 또는 다른 발전소의 발전 전력에 여유가 있을 때, 이 잉여 전력을 이용해서 전동기로 펌프를 돌려 물을 상부의 저수지에 저장하였다가 필요에 따라 이 물을 이용해서 발전하는 발전소는?

① 조력 발전소 ② 양수식 발전소
③ 유역 변경식 발전소 ④ 수로식 발전소

【해설】
양수 발전소는 야간에 전력 사용량이 적어 남는 전기 에너지를 물의 위치 에너지 형태로 저장하였다가 전력이 많이 필요한 주간에 발전하는 형식의 발전소이다.

[답] ②

Chapter 10. 수력 발전
적중실전문제

1. 유수가 갖는 에너지가 아닌 것은?
① 위치 에너지　　　　　　② 속도 에너지
③ 수력 에너지　　　　　　④ 압력 에너지

해설 1

유수가 갖는 에너지
(1) 위치 에너지 : h　　(2) 속도 에너지: $\dfrac{v^2}{2g}$　　(3) 압력 에너지 : $\dfrac{P}{\omega}$

[답] ③

2. 1년 365일 중 185일은 이 양 이하로 내려가지 않는 유량은?
① 저수량　　② 고수량　　③ 평수량　　④ 풍수량

해설 2

(1) 갈수량 : 1년(365일) 중 355일은 이 유량 이하로 내려가지 않는 유량
(2) 저수량 : 1년(365일) 중 275일은 이 유량 이하로 내려가지 않는 유량
(3) 평수량 : 1년(365일) 중 185일은 이 유량 이하로 내려가지 않는 유량
(4) 풍수량 : 1년(365일) 중 95일은 이 유량 이하로 내려가지 않는 유량

[답] ③

3. 댐 이외에 하천 하류의 구배를 이용할 수 있도록 수로를 설치하여 낙차를 얻는 발전 방식은?
① 수로식　　② 유역 변경식　　③ 댐식　　④ 댐 수로식

해설 3

수로식 발전소 : 물의 유량은 그리 많지 않지만, 물의 유속이 빠른 지점에서 수로를 이용해서 낙차를 크게 얻어 발전하는 방식

[답] ①

4. 유역 면적 365[km²]의 발전 지점에서 연 강수량이 2,400[mm]일 때 강수량의 1/3이 이용된다면 연평균 수량[m³/s]은?

① 5.26   ② 6.26   ③ 8.26   ④ 9.26

해설 4

(1) 우선, 발전 지점에 확보되는 물의 체적을 구해보면,
- $V = 365 \times 10^6 [m^2] \times 2,400 \times 10^{-3} [m] = 876 \times 10^6 [m^3]$

(2) 1년 동안 이용되는 평균 수량은,
- $Q = \dfrac{876 \times 10^6 [m^3]}{365 \times 24 \times 60 \times 60 [\text{sec}]} \times \dfrac{1}{3} = 9.26 [m^3/s]$

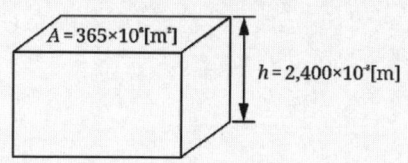

[답] ④

5. 유역 면적 80[km²], 유효 낙차 30[m], 연간 강우량 1,500[mm]의 수력 발전소에서 그 강우량의 70[%]만 이용한다면 연간 발생 전력량은 몇 [kWh]인가?
(단, 수차 발전기 등의 종합 효율은 80[%]이다.)

① 1.49×10^5 ② 1.49×10^6
③ 5.48×10^5 ④ 5.48×10^6

해설 5

(1) 물의 체적 및 유량을 먼저 구해보면,
- $V = 80 \times 10^6 [m^2] \times 1,500 \times 10^{-3} [m] = 120 \times 10^6 [m^3]$
- $Q = \dfrac{120 \times 10^6 [m^3]}{365 \times 24 \times 60 \times 60 [\text{sec}]} \times 0.7 = 2.66 [m^3/s]$

(2) 따라서, 1년간의 발생 전력량은,
- $W = Pt = 9.8 QH\eta t = 9.8 \times 2.66 \times 30 \times 0.8 \times 365 \times 24 = 5.48 \times 10^6 [\text{kWh}]$

[답] ④

6. 수력 발전소의 댐을 설계하거나 저수지의 용량 등을 결정하는 데 가장 적당한 것은?
① 유량도
② 적산 유량 곡선
③ 유황곡선
④ 수위 유량 곡선

해설 6

적산 유량 곡선은 어느 하천 지점의 비가 온 양을 매일 적산(누적)시켜 그린 유량도로서 실제로 어느 하천 지점의 확보되는 유량을 파악할 수 있으므로 수력 발전소의 저수지 용량을 설계하는 데 주로 이용되는 자료이다.

[답] ②

7. 다음 그림 중 유황 곡선 모양을 표시하는 것은? 단, 유량은 [m³/s], 수량은 [cm³]이다.

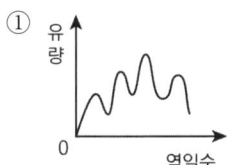 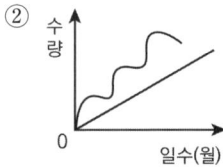 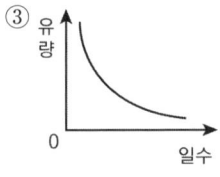 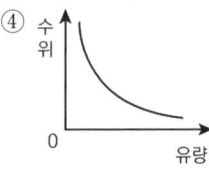

해설 7

유황 곡선은 어느 하천 지점의 유량을 가로축에 1년간의 일수를 표시하고, 세로축에 유량이 많은 순서로 그린 유량도이다.

[답] ③

8. 취수구에 제수문을 설치하는 목적은?
① 낙차를 높인다.
② 홍수위를 낮춘다.
③ 유량을 조정한다.
④ 모래를 배제한다.

해설 8

취수구는 댐의 수로 입구 측에 설치하여 유량을 조절하는 역할을 한다. [답] ③

9. 저수지의 이용 수심이 클 때 사용하면 유리한 조압 수조는 어느 것인가?
① 차동 조압 수조　　　② 단동 조압 수조
③ 제수공 조압 수조　　④ 수실 조압 수조

해설 9

수실 조압 수조 :
수조 부분은 용량을 작게 하고, 수조 용량 부족분을 수실로서 보충한 형태의 조압 수조로서, 주로 저수지의 수심이 클 때 적용하는 조압 수조이다.
즉, 저수지의 이용 수심이 크게 되면 조압 수조의 높이가 증가하게 되므로 상하 부분에 수실을 두어 수조의 높이를 낮추는 것이다.

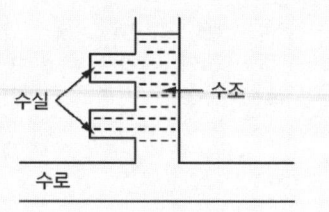

[답] ④

10. 수조에 대한 설명으로 옳은 것은?
① 무압 수로의 종단에 있으면 조압 수조, 압력수로의 종단에 있으면 헤드 탱크라 한다.
② 헤드 탱크의 용량은 최대 사용 수량의 1~2시간에 상당하는 크기로 설계된다.
③ 조압 수조는 부하 변동에 의하여 생긴 압력 터널 내의 수격압이 압력 터널에 침입하는 것을 방지한다.
④ 헤드 탱크는 수차의 부하가 급증할 때에는 물을 배제하는 기능을 가지고 있다.

해설 10

조압 수조(서지 탱크)는 수로가 압력 터널인 경우에 설치하는 것으로서,
수격작용으로부터 수압철관을 보호하는 역할을 수행한다.

[답] ③

11. 압력 수두를 속도 수두로 바꾸어서 작용시키는 수차는?
  ① 프란시스 수차 ② 카플란 수차
  ③ 펠턴 수차 ④ 사류 수차

> **해설 11**
>
> (1) 충동 수차(펠턴 수차) :
>   물의 압력 에너지를 속도 에너지로 바꾸어서 수차를 회전시킨다.
> (2) 반동 수차(프란시스, 카플란, 사류, 프로펠러 수차) :
>   물의 위치 에너지를 압력 에너지로 바꾸어서 수차를 회전시킨다.
>
> [답] ③

12. 수차 발전기에 제동 권선을 설치하는 주된 목적은?
  ① 정지 시간 단축 ② 발전기 안정도의 증진
  ③ 회전력의 증가 ④ 과부하 내량의 증대

> **해설 12**
>
> 수력 발전소에는 주로 동기 발전기가 사용되는데, 동기 발전기의 최대의 단점이 난조(진동)의 발생이므로 난조를 감소시켜 계통의 안정도를 향상시키기 위해서 설치하는 것이 제동 권선(난조 방지 권선)이다.
>
> [답] ②

13. 수력 발전소에서 사용되는 수차 중 15[m] 이하의 저 낙차에 적합하여 조력 발전용으로 알맞은 수차는?
  ① 카플란 수차 ② 펠턴 수차
  ③ 프란시스 수차 ④ 튜블러 수차

> **해설 13**
>
> 조력 발전소 : 바닷물의 밀물과 썰물에 의한 낙차를 이용하는 발전소로서, 유효 낙차가 매우 작기 때문에 발전 효율이 좋은 튜블러(프로펠러) 수차를 적용하여야 한다. [답] ④

14. 특유 속도가 큰 수차일수록 발생되는 현상으로 옳은 것은?

① 회전자의 주변 속도가 대단히 작아진다.
② 회전수가 커진다.
③ 저낙차에서는 사용할 수 없다.
④ 경부하에서 효율의 저하가 심하다.

해설 14

특유 속도가 크게 되면, 유속에 비해서 수차의 상대 속도가 빠르게 되고 경부하에서는 특히 수차의 무게가 가벼워지게 되고 유속에 비해서 수차의 속도가 지나치게 빨라져서 수차가 유속의 힘을 제대로 받을 수 없어 결국 효율이 저하된다.

[답] ④

15. 수차의 특유 속도 공식은? (단, 유효 낙차를 H[m], 수차의 출력은 P[kW], 수차의 정격 회전수를 N[rpm], 특유 속도를 N_s[rpm]이라 한다.)

① $N_s = \dfrac{NP^{\frac{1}{2}}}{H^{\frac{5}{4}}}$

② $N_s = \dfrac{H^{\frac{5}{4}}}{NP}$

③ $N_s = \dfrac{HP^{\frac{1}{4}}}{N^{\frac{5}{4}}}$

④ $N_s = \dfrac{NP^2}{H^{\frac{5}{4}}}$

해설 15

수차의 특유 속도 : $N_s = N \times \dfrac{P^{\frac{1}{2}}}{H^{\frac{5}{4}}}$ [m·kW]

[답] ①

★★☆☆☆

16. 수력 발전소에서 특유 속도가 가장 높은 수차는?

① 펠턴 수차　　　　　　　② 프로펠러 수차
③ 프란시스 수차　　　　　④ 사류 수차

해설 16

수차의 특유 속도 $N_s = N \times \dfrac{P^{\frac{1}{2}}}{H^{\frac{5}{4}}}$ [m·kW]에서, $N_s \propto \dfrac{1}{H^{\frac{5}{4}}}$ 의 관계가 있으므로 유효 낙차가 낮은 프로펠러 수차($H = 20$[m] 이하) 수차가 특유 속도가 가장 높다.　　[답] ②

★★☆☆☆

17. 유효 낙차 81[m], 출력 10,000[kW], 특유 속도 164[rpm]인 수차의 회전 속도는 약 몇 [rpm]인가?

① 185　　　② 215　　　③ 350　　　④ 400

해설 17

$N_s = N \dfrac{P^{\frac{1}{2}}}{H^{\frac{5}{4}}}$ 에서, $N = N_s \dfrac{H^{\frac{5}{4}}}{P^{\frac{1}{2}}} = 164 \times \dfrac{81^{\frac{5}{4}}}{10{,}000^{\frac{1}{2}}} = 398.52$ [rpm]

[답] ④

★★☆☆☆

18. 유효 낙차 50[m]에서 출력 7,500[kW] 되는 수차가 있다. 유효 낙차가 2.5[m] 만큼 저하되면 출력은 약 몇 [kW]로 되는가?
(단, 수차의 수구 개도는 일정하며, 또 효율의 변화를 무시하기로 한다.)

① 6,650　　　② 6,755　　　③ 6,850　　　④ 6,945

해설 18

$P = 9.8QH = 9.8AvH = 9.8A\sqrt{2gH} \times H$[kW] $\propto kH^{\frac{3}{2}}$ 이므로,

$P_2 = P_1 \left(\dfrac{H_2}{H_1}\right)^{\frac{3}{2}} = 7{,}500 \times \left(\dfrac{50-2.5}{50}\right)^{\frac{3}{2}} = 6{,}945$ [kW]

[답] ④

19. 수차의 유효 낙차와 안내 날개, 그리고 노즐의 열린 정도를 일정하게 하여 놓은 상태에서 조속기가 동작하지 않게 하고, 전부하 정격 속도로 운전 중에 무부하로 하였을 경우에 도달하는 최고 속도를 무엇이라 하는가?
① 특유 속도
② 동기 속도
③ 무구속 속도
④ 임펄스 속도

해설 19

무구속 속도(Runway speed) : 수차가 무부하 상태가 되었을 때 도달되는 최고 속도로서, 수차를 설계할 때 무구속 속도에도 견딜 수 있도록 설계한다.

[답] ③

20. 유효 낙차가 30[%] 저하되면 수차의 효율이 10[%] 저하된다고 할 경우 이때의 출력은 원래의 몇 [%]가 되는가?
(단, 안내 날개의 열림 및 기타는 불변인 것으로 한다.)
① 52.7
② 62.7
③ 72.7
④ 82.7

해설 20

$P = 9.8QH\eta = 9.8Av H\eta = 9.8A\sqrt{2gH}\eta \times H[\text{kW}] \propto kH^{\frac{3}{2}}\eta$ 이므로,

$P_2 = P_1 \left(\dfrac{H_2}{H_1}\right)^{\frac{3}{2}} \eta = 100[\%] \times \left(\dfrac{100-30}{100}\right)^{\frac{3}{2}} \times \left(\dfrac{100-10}{100}\right) = 52.7[\%]$

[답] ①

Chapter 11

화력 발전

01. 열역학

02. 기력 발전소의 열 사이클

03. 기력 발전소의 열효율

04. 기력 발전소용 보일러

05. 집진기

06. 조속기

- 적중실전문제

Chapter 11 화력 발전

01 열역학

1) 열역학 제1법칙

(1) 에너지의 형태인 열·화학·전자·원자핵 에너지 등을 포함해서 물체가 운동할 때라든지 시스템이 일을 할 때 "에너지의 형태는 바뀌지만 에너지의 양은 불변이다."

(2) 또한, 전력량을 열량의 단위로 환산하면,
$$1[\text{kWh}] = 1,000 \times 60 \times 60 [\text{W} \cdot \text{sec}] = 3,600,000 \times 0.24 ≒ 860[\text{kcal}]$$

2) 열역학 제2법칙

열역학 제2법칙은, "자연 상태에서는 열은 고온의 물체로부터 저온의 물체로의 이동은 가능하지만, 반대로 저온에서의 고온으로의 열이동은 불가능하다."

예제 1

증기의 엔탈피란?
① 증기 1[kg]의 잠열
② 증기 1[kg]의 보유 열량
③ 증기 1[kg]의 기화 열량
④ 증기 1[kg]의 증발열을 그 온도로 나눈 것

【해설】
증기 엔탈피는, i[kcal/kg]로 표시되며 증기 1[kg]당 보유한 열량[kcal]을 말한다.
[답] ②

02 기력 발전소의 열 사이클

1) 기력 발전소의 열 사이클 (Heat cycle)

(1) 기력 발전소는, 연료의 소비로 발생되는 열 에너지(증기)를 발전기의 기계적 에너지로 변환하여 발전하는 방식이다.

(2) 기력 발전소의 열 사이클 블록선도에서,
  ① 보일러에서, 물 → 습증기 변환
  ② 과열기에서, 습증기 → 과열증기 변환
  ③ 터빈에서, 과열 증기 → 습 증기로 변환
  ④ 복수기에서, 습 증기 → 급수로 변환
  ⑤ 복수기에서 나온 물을 급수펌프를 거쳐 보일러로 다시 보내어진다.

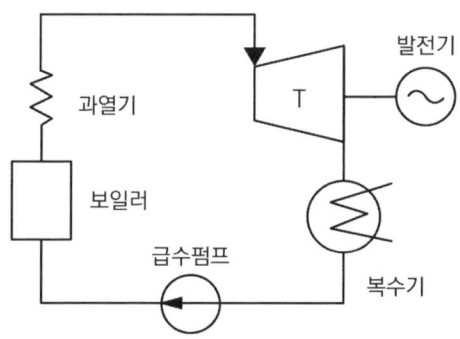

〈 화력 발전의 기본 장치 〉

예제 2

아래 표시한 것은 기력 발전소의 기본 사이클이다. 순서가 맞는 것은?
① 급수 펌프 → 보일러 → 터빈 → 과열기 → 복수기 → 다시 급수 펌프로
② 급수 펌프 → 보일러 → 과열기 → 터빈 → 복수기 → 다시 급수 펌프로
③ 과열기 → 보일러 → 복수기 → 터빈 → 급수 펌프 → 다시 과열기로
④ 보일러 → 급수 펌프 → 과열기 → 복수기 → 급수 펌프 → 다시 보일러로

【해설】
기력 발전소에서 물과 증기의 흐름은,
급수가 보일러로 보급 → 보일러(물→습증기 변환) → 과열기(습증기 → 과열증기 변환)
→ 터빈(과열 증기에서 습증기로 변환) → 복수기(습 증기 → 급수로 변환)

[답] ②

2) 카르노 사이클 (Carnot cycle)

(1) 카르노 사이클의 정의
① 고온의 열원과 저온 열원의 온도차에 의해 발생되는 열 이동에 의해 열을 일로 바꾸는 이상적인 사이클
② 열역학 사이클 가운데에서 최고 효율을 나타내는 이상적인 가역 사이클

(2) P-V 선도와 T-S 선도

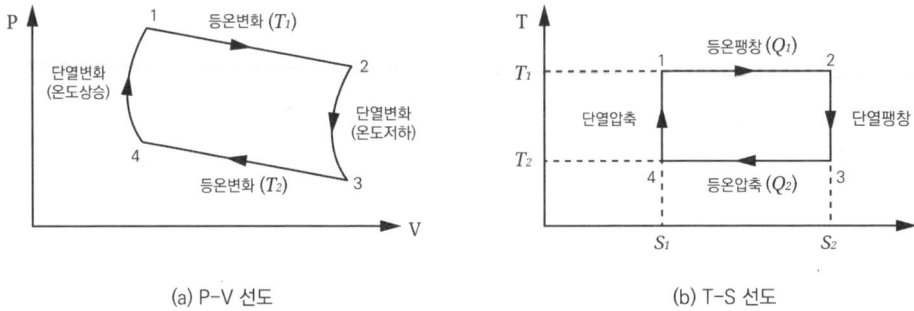

(a) P-V 선도   (b) T-S 선도

3) 랭킨 사이클 (Rankine cycle)

(1) 랭킨 사이클의 정의
  ① 카르노 사이클을 증기 원동기에 적합하도록 개량한 것
  ② 증기를 작업 유체로 하여 카르노 사이클의 등온 과정을 등압 과정으로 바꾼 가장 기본적인 사이클
  ③ 화력 발전소 열 사이클 중에서 열 효율이 가장 나쁘다.

(2) 장치 선도와 T-S 선도

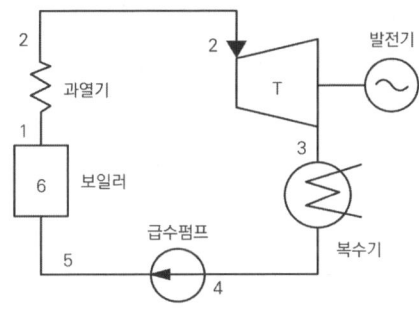

(a) 장치 선도

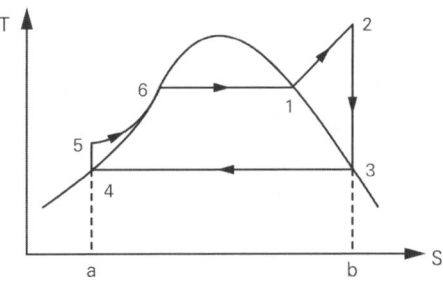

(b) T-S 선도

(3) 행정
  ① 1→2 : 등압 과열 (과열기)   ② 2→3 : 단열 팽창 (증기터빈)
  ③ 3→4 : 등온 압축 (복수기)   ④ 4→5 : 단열 압축 (급수펌프)
  ⑤ 5→6 : 등압 가열 (보일러)   ⑥ 6→1 : 등압 팽창 (보일러)

예제 3

랭킨 사이클이 취하는 급수 및 증기의 올바른 순환 과정은 ?
① 등압 가열 → 단열 팽창 → 등압 냉각 → 단열 압축
② 단열 팽창 → 등압 가열 → 단열 압축 → 등압 냉각
③ 등압 가열 → 단열 압축 → 단열 팽창 → 등압 냉각
④ 등온 가열 → 단열 팽창 → 등온 압축 → 단열 압축

【해설】
랭킨 사이클 발전소의 급수 및 증기의 흐름
• 보일러(등압 가열) → 증기 터빈(단열 팽창) → 복수기(등압 냉각) → 급수 펌프(단열 압축)

[답] ①

4) 재생 사이클 (Regenerative cycle)

(1) 재생 사이클의 정의
① 기본 사이클인 랭킨 사이클은 복수기에서 버려지는 열량이 크다.
② 이에 증기터빈의 팽창중인 증기를 일부 추기하여 그 열로 보일러에 공급되는 급수를 가열하여 열효율을 높인 사이클이다.

(2) 장치 선도와 T-S 선도

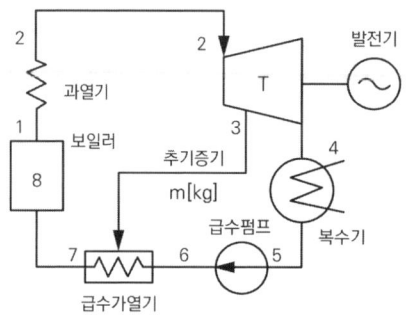

(a) 장치 선도   (b) T-S 선도

(3) 행정
① 1→2 : 등압 과열 (과열기)
② 2→3 : 단열 팽창 (증기터빈)
③ 3'→4 : 단열 팽창 (증기터빈)
④ 4→5 : 등압 압축 (복수기)
⑤ 5→6 : 단열 압축 (급수펌프)
⑥ 6→7 : 급수 가열기에서 가열 상태
⑦ 7→8 : 등압 가열 (보일러)
⑧ 8→1 : 등압 팽창 (보일러)

예제 4

증기 터빈의 팽창 도중에서 증기를 추출하는 형태의 터빈은?
① 복수 터빈   ② 배압 터빈   ③ 추기 터빈   ④ 배기 터빈

【해설】
재생 사이클의 정의
• 증기 터빈의 팽창중인 증기를 일부 추기하여 그 열로 보일러에 공급되는 급수를 가열하여 열효율을 높인 사이클로서, 추기 터빈이 필요하다.

[답] ③

5) 재열 사이클 (Reheat cycle)

(1) 재열 사이클의 정의
① 어느 압력까지 팽창한 증기를 보일러로 되돌려 보내 재열기로 재과열 시킨 후 다시 터빈에 보내어 팽창시키는 것
② 재열 증기는 온도가 높기 때문에 사이클의 열효율을 향상시킬 수 있다.

(2) 장치 선도와 T-S 선도

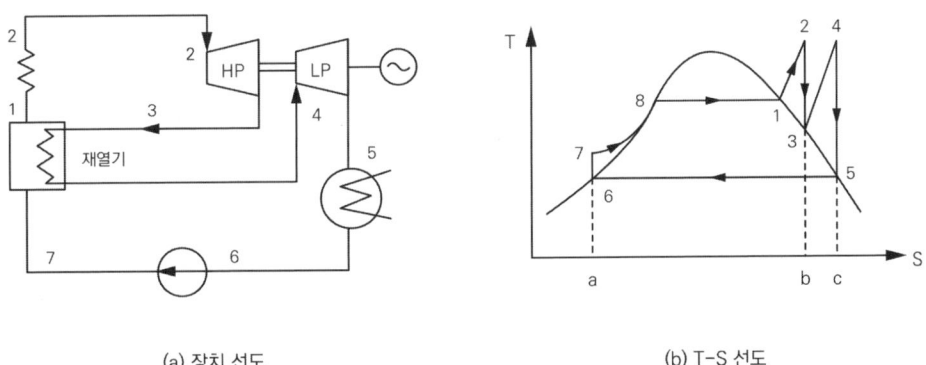

(a) 장치 선도   (b) T-S 선도

예제 5

고압 터빈 내에서 습증기가 되기 전에 증기를 모두 추출하여 한 번 더 보일러의 연소 가스 또는 과열 증기에 의하여 가열시키고, 다시 저압 터빈에 넣어서 팽창을 계속하여 열효율을 좋게 하는 사이클은?
① 랭킨 사이클　　　　　　② 재생 사이클
③ 2유체 사이클　　　　　　④ 재열 사이클

【해설】
재열 사이클
(1) 어느 압력까지 팽창한 증기를 보일러로 되돌려 보내 재열기로 재과열 시킨 후 다시 터빈에 보내어 팽창시키는 사이클이다.
(2) 재열 증기는 온도가 높기 때문에 사이클의 열효율을 향상시킬 수 있다.

[답] ④

6) 재열 재생 사이클

① 재열 사이클과 재생 사이클 모두를 채용한 사이클
② 화력 발전소에서 실현할 수 있는 가장 효율이 좋은 사이클이다.

〈재열 재생 사이클의 장치 선도〉

예제 6

최근의 고압 고온을 채용한 기력 발전소에서 채용되는 열 사이클로서 그림과 같은 장치 선도의 열 사이클은?
① 랭킨 사이클
② 재생 사이클
③ 재열 사이클
④ 재열 재생 사이클

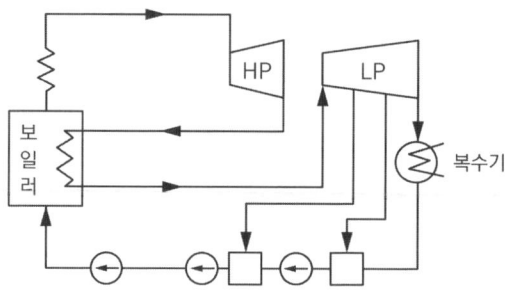

【해설】
재열 재생 사이클은 재열 사이클과 재생 사이클 모두를 채용한 사이클로서, 화력 발전소에서 실현할 수 있는 가장 효율이 좋은 사이클이다.

[답] ④

03 기력 발전소의 열효율

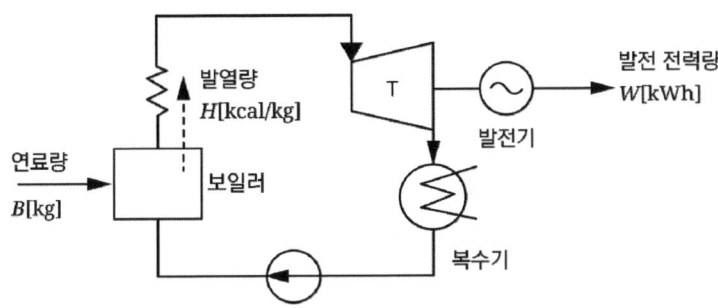

1) 화력 발전소의 열효율 계산식

- $\eta = \dfrac{860\,W}{BH} \times 100\,[\%]$

W : 발전 전력량[kWh]
B : 연료량[kg], H : 연료 발열량[kcal/kg]

예제 7

출력 30,000[kW]의 화력 발전소에서 6,000[kcal/kg]의 석탄을 매 시간에 15톤의 비율로 사용하고 있다고 한다. 이 발전소의 종합 효율은 몇 [%]인가?

① 28.7　　　② 30.7　　　③ 32.7　　　④ 36.7

【해설】

$\eta = \dfrac{860\,W}{BH} \times 100\,[\%] = \dfrac{860 \times 30{,}000 \times 1}{15{,}000 \times 6{,}000} \times 100\,[\%] = 28.7\,[\%]$

[답] ①

2) 화력 발전소의 열효율 향상 대책

(1) 복수기의 진공도 향상

(2) 고압, 고온의 증기 사용

(3) 재열 재생 사이클의 채용

(4) 연소 가스의 열손실 감소
  ① 절탄기 : 배기가스의 여열을 이용하여 보일러 급수를 예열
  ② 공기 예열기 : 배기가스의 여열로 연소용 공기를 예열
  ③ 급수 가열기 : 터빈의 도중에서 증기를 일부 빼내어 보일러의 급수를 가열

예제 8

화력 발전소에서 절탄기의 용도는?
① 보일러 급수를 가열한다. ② 포화 증기를 과열한다.
③ 연소용 공기를 예열한다. ④ 석탄을 건조한다.

【해설】
절탄기 : 배기가스의 여열을 이용하여 보일러 급수를 예열

[답] ①

04 기력 발전소용 보일러

1) 자연 순환식 보일러

보일러 수가 가열되면 부분적으로 비중차가 생기고, 그 비중차에 의해 순환력을 일으키는 것을 이용한 보일러

2) 강제 순환식 보일러

고압 보일러에서는 포화수와 포화증기의 밀도차가 적어 자연 순환력으로는 부족하므로, 순환계통에 펌프를 설치한 보일러

3) 관류식 보일러

(1) 증기가 임계 압력 이상이 되면, 물은 증발 과정 없이 증기로 직접 변환 (보일러 드럼이 필요 없다.)

(2) 급수가 보일러 수관을 통과하는 사이에 열을 흡수해서 직접 과열증기를 발생

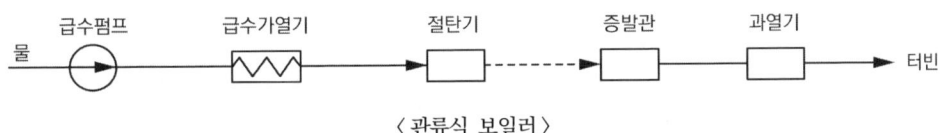

〈관류식 보일러〉

예제 9

그림의 계통은 어떤 종류의 보일러인가?
① 스토커 보일러
② 강제 순환 보일러
③ 자연 순환 보일러
④ 관류 보일러

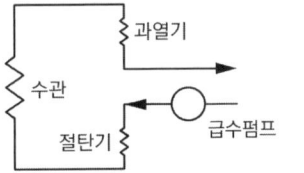

【해설】
보일러 드럼이 없는 형식이므로, 관류식 보일러이다.

[답] ④

05 집진기

1) 집진기의 역할

화력 발전소에서는 석탄을 연료로 사용하므로 배출 가스에서 환경 저해 물질이 방출되므로, 분진을 포집하는 역할을 하는 것이 집진기이다.

2) 전기식 집진기 (코트렐 집진기)

코로나 방전을 이용하여, 연도 속에 (+), (-)의 전극을 두고 이것에 직류 고전압을 인가하여 분진을 포집시킨다.

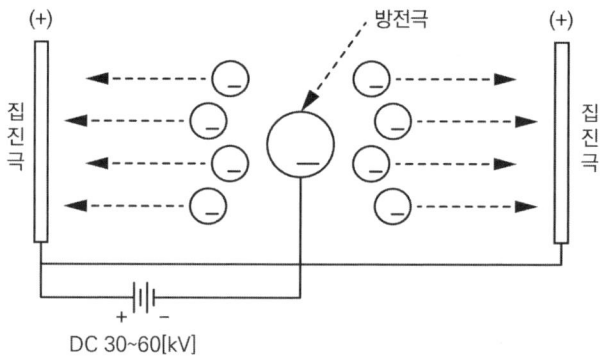

〈 전기식 집진기 〉

예제 10

석탄 연소 화력 발전소에서 사용되는 집진 장치의 효율이 가장 큰 것은?
① 전기식 집진기　　　　　② 수세식 집진기
③ 원심력식 집진기　　　　④ 직렬 결합식 집진기

【해설】
전기식 집진기는, 집진 효율이 95~98[%] 정도로서 집진기의 효율이 가장 뛰어나서 화력 발전소에서는 전기식 집진기를 설치하고 있다.

[답] ①

06 조속기

1) 조속기의 역할
발전소에서 터빈(수차)과 발전기의 회전수(속도)를 자동으로 조정하는 장치이다.

2) 기계식 조속기의 구성

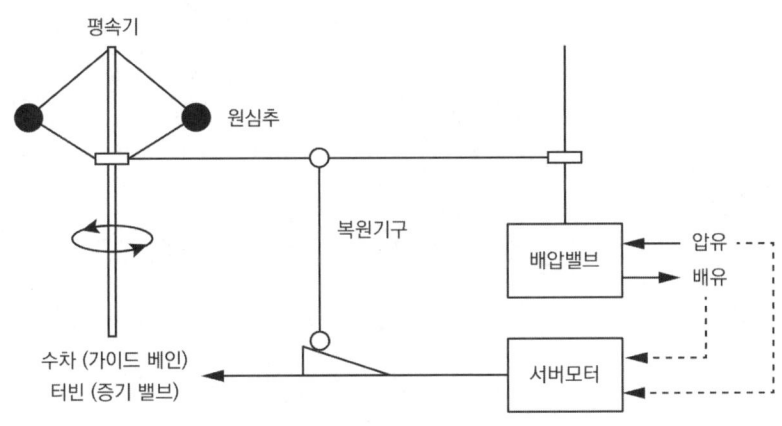

〈 기계식 조속기의 구조 〉

예제 11

회전 속도의 변화에 따라서 자동적으로 유량을 가감하는 장치를 무엇이라 하는가?
① 공기 예열기　　　　　② 과열기
③ 여자기　　　　　　　④ 조속기

【해설】
조속기는, 발전소에서 터빈(수차)과 발전기의 회전수(속도)를 자동으로 조정하는 장치이다.

[답] ④

Chapter 11. 화력 발전
적중실전문제

1. 그림은 랭킨 사이클의 T-S 선도이다. 이 중 보일러 내의 등온 팽창을 나타내는 부분은?

① A-B
② B-C
③ C-D
④ D-E

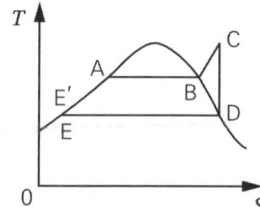

해설 1

A-B 행정 : 온도(T 일정)가 일정한 상태에서 보일러 내에서 증기가 팽창하면서 가열(S 증가)된다.

[답] ①

2. 종축에 절대 온도 T, 횡축에 엔트로피(entropy) S를 취할 T-S 선도에 있어서 단열 변화를 나타내는 것은?

① T 축 상향 곡선
② T 축 하향 곡선
③ 수평선
④ 수직선

해설 2

카르노 사이클의 T-S 선도에서, 횡축으로 이루어지는 행정은 등온 변화이고, 종축으로 이루어지는 행정은 단열 변화이다.

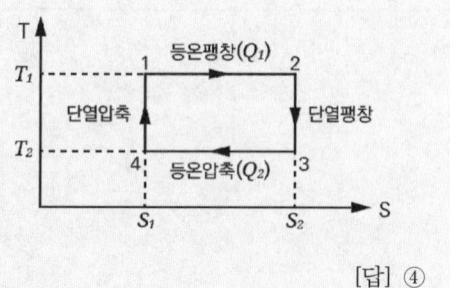

[답] ④

3. 기력 발전소의 열 사이클 중 가장 기본적인 것으로 두 등압 변화와 두 단열 변화로 되는 열 사이클은?

① 랭킨 사이클
② 재생 사이클
③ 재열 사이클
④ 재생 재열 사이클

해설 3

랭킨 사이클은 화력 발전소에서 적용되는 가장 기본적인 사이클로서 장치가 간단하지만, 열효율이 나쁘다.

[답] ①

4. 기력 발전소의 열 사이클 과정 중 단열 팽창 과정의 물 또는 증기의 상태 변화는?

① 습증기 → 포화액
② 과열 증기 → 습 증기
③ 포화액 → 압축액
④ 압축액 → 포화액 → 포화 증기

해설 4

단열 팽창 과정은 증기터빈 내 열이 차단된 상태에서 터빈이 회전력을 일으키면서 증기의 열량을 빼앗으므로 과열 증기가 온도가 낮은 습증기 상태로 변환된다.

[답] ②

5. 그림과 같은 사이클은?

① 재열 사이클
② 재생 사이클
③ 재생, 재열 사이클
④ 기본 사이클

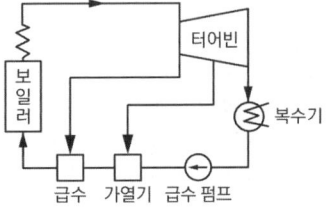

해설 5

터빈 도중에서 증기를 빼내는 추기관 및 급수 가열기 장치가 있으므로 재생 사이클이다.

[답] ②

6. 보일러에서 흡수 열량이 가장 큰 것은?
   ① 수냉벽   ② 보일러 수관   ③ 과열기   ④ 절탄기

> **해설 6**
> 수냉벽에서 급수가 증기로 변환되므로 흡수 열량이 가장 많다.
>
> [답] ①

7. 기력 발전소에서 열손실이 가장 많은 곳은 (㉠)이며, 그 손실량은 전 공급 열량의 약 (㉡) [%]이다.
   ① ㉠ 과열기 ㉡ 40   ② ㉠ 복수기 ㉡ 50
   ③ ㉠ 보일러 ㉡ 30   ④ ㉠ 터빈   ㉡ 20

> **해설 7**
> 복수기는 터빈에서 나온 습증기를 다시 냉각수를 이용하여 급수로 변환시켜야 하므로 전체 손실의 50[%] 이상이 복수기에서 발생한다.
>
> [답] ②

8. 화력 발전소에서 발전 효율을 저하시키는 원인으로 가장 큰 손실은?
   ① 소내용 동력   ② 터빈 및 발전기의 손실
   ③ 연돌 배출 가스   ④ 복수기 냉각수 손실

> **해설 8**
> 복수기는 터빈에서 나온 습증기를 다시 냉각수를 이용하여 급수로 변환시켜야 하므로 전체 손실의 50[%] 이상이 복수기에서 발생한다.
>
> [답] ④

9. 중유 연소 기력 발전소의 공기 과잉률은 대략 얼마인가?

① 1.05　　② 1.22　　③ 2.38　　④ 3.45

해설 9

공기 과잉률이란 보일러에 공급되는 연소용 공기의 양을 말하며 보통 중유(기름)는 연소 성능이 좋기 때문에 필요한 공기보다 5[%] 정도만 더 공급하면 완전연소가 이루어진다. 반면에 석탄 화력 발전소는 석탄의 연소 성능이 나쁘기 때문에 공기를 20[%] 정도 더 넣어야 한다.

[답] ①

10. 화력 발전소에서 재열기의 목적은?

① 급수를 예열한다.　　② 석탄을 건조한다.
③ 공기를 예열한다.　　④ 증기를 가열한다.

해설 10

재열기는 고압 터빈에서 나온 습증기를 다시 보일러에 보내어 과열증기로 만든 후에 저압 터빈에 공급하는 장치이다.

[답] ④

11. 기력 발전소에서 포밍의 원인은?

① 과열기의 손상　　② 냉각수의 부족
③ 급수의 불순물　　④ 기압의 과대

해설 11

화력 발전소에서 급수에서 포밍(거품)이 발생하는 원인은 급수 중에 불필요한 불순물이 섞여들어 가기 때문에 생기는 것으로 급수 중에 포밍이 생기면 화력 발전소의 열효율이 떨어진다.

[답] ③

12. 최대 출력 350[MW], 평균 부하율 80[%]로 운전되고 있는 기력 발전소의 10일간 중유 소비량이 1.6×10^4[kl]라고 하면 발전단에서의 열효율은 몇 [%]인가? (단, 중유의 열량은 10,000[kcal/l]이다.)

① 35.3 ② 36.1 ③ 37.8 ④ 39.2

해설 12

$$\eta = \frac{860W}{BH} \times 100[\%] = \frac{860 \times 350 \times 10^3 \times 10 \times 24 \times 0.8}{1.6 \times 10^4 \times 10^3 \times 10,000} \times 100[\%] = 36.1[\%]$$

[답] ②

13. 5,000[kcal/kg]의 석탄 5[kg]에서 나오는 열량을 용량 10[kW]의 전열기를 사용해서 얻으려면 몇 시간 정도 소요되는가?

① 3 ② 5 ③ 7 ④ 9

해설 13

(1) 석탄에서 나오는 총 열량은, 5,000[kcal.kg] × 5[kg] = 25,000[kcal]
(2) 전열기에서 필요한 열량은, 10[kW] × 860[kcal] = 8,600[kcal/h]
(3) 따라서 전열기가 석탄에서 나오는 열량을 공급하려면 필요한 소요 시간은,

- $h = \dfrac{25,000[\text{kcal}]}{8,600[\text{kcal/h}]} = 2.9[시간]$

[답] ①

14. 화력 발전소에서 1[ton]의 석탄으로 발생시킬 수 있는 전력량은 약 몇 [kWh]인가? (단, 석탄 1[kg]의 발열량 5,000[kcal], 효율은 20[%]이다.)

① 960 ② 1,060 ③ 1,160 ④ 1,260

해설 14

$\eta = \dfrac{860W}{BH}$ 에서, 전력량은 $W = \dfrac{\eta BH}{860} = \dfrac{0.2 \times 1,000 \times 5,000}{860} = 1,160[\text{kWh}]$

[답] ③

15. 발열량 10,000[kcal/kg]의 벙커 C유를 1시간에 75[ton] 사용해서 300[MW]를 발전하는 기력 발전소의 열효율은?

① 32.6[%]   ② 34.4[%]   ③ 35.2[%]   ④ 36.0[%]

해설 15

$$\eta = \frac{860W}{BH} \times 100[\%] = \frac{860 \times 300 \times 10^3 \times 1}{75 \times 10^3 \times 10,000} \times 100[\%] = 34.4[\%]$$

[답] ②

16. 열효율 35[%]의 화력 발전소에서 발열량 6,000[kcal/kg]의 석탄을 이용한다면 1[kWh]를 발전하는 데 필요한 석탄량은 몇 [kg]인가?

① 2.42   ② 1.23   ③ 0.82   ④ 0.41

해설 16

$\eta = \dfrac{860W}{BH}$ 에서, 석탄량은 $B = \dfrac{860W}{\eta H} = \dfrac{860 \times 1}{0.35 \times 6,000} = 0.41[kg]$

[답] ④

17. 터빈 각 부의 침식을 방지할 목적으로 사용되는 장치는?

① 수위 경보기   ② 공기 예열기
③ 증기 분리기   ④ 스팀 제트

해설 17

화력 발전소에서 터빈 내에 수분이 발생하면 수분으로 인하여 터빈의 날개 부식이 심하게 이루어지므로 증기 중의 수분을 제거하는 장치가 증기 분리기이다.

[답] ③

18. 증기압, 증기 온도 및 진공도가 일정하다면 추기할 때는 추기하지 않을 때보다 단위 발전량당 증기 소비량과 연료 소비량은 어떻게 변하는가?
① 증기 소비량, 연료 소비량 모두 감소한다.
② 증기 소비량은 증가하고, 연료 소비량은 감소한다.
③ 증기 소비량은 감소하고, 연료 소비량은 증가한다.
④ 증기 소비량, 연료 소비량 모두 증가한다.

해설 18

터빈 중간에서 증기를 추기하게 되면 증기 소비량은 증가하지만 추기 증기를 이용하여 보일러용 급수를 미리 예열하게 되므로 연료 소비량은 줄어들어 전체적인 발전소 열효율은 좋아진다.

[답] ②

19. 대용량 기력 발전소에서는 터빈의 도중에서 추기하여 급수 가열에 사용함으로써 얻은 소득은 다음과 같다. 옳지 않은 것은?
① 열효율 개선
② 터빈 저압부 및 복수기의 소형화
③ 보일러 보급 수량의 감소
④ 복수기 냉각수 감소

해설 19

증기를 터빈 도중에서 추기하게 되면 전체적인 증기 사용량이 증가하므로 이에 필요한 보일러 급수의 양도 더불어 증가하게 된다.

[답] ③

20. 증기 터빈의 비상 조속기는 정격 회전수의 몇 [%] 이내에 정정(整定)되는가?

① 100   ② 110   ③ 120   ④ 130

해설 20

화력 발전소에서 터빈 긴급 정지용 비상 조속기는 정격 회전수의 110[%]에서 동작하여 터빈을 긴급 정지시킨다.

[답] ②

21. 터빈의 비상 조속기가 동작할 때는?

① 터빈 속도가 정격 속도의 110[%]까지 상승하였을 때
② 송전 선로가 차단되어 발전기가 무부하 상태로 되었을 때
③ 발전기 내부 고장이 발생하였을 때
④ 증기 압력이 과승하였을 때

해설 21

화력 발전소에서 터빈 긴급 정지용 비상 조속기는 정격 회전수의 110[%]에서 동작하여 터빈을 긴급 정지시킨다.

[답] ①

22. 터빈의 임계 속도란?

① 에머전시 가버니를 동작시키는 회전수
② 회전자의 고유 진동수와 일치하는 위험 회전수
③ 부하를 급히 차단했을 때에 순간 최대 회전수
④ 부하 차단 후 자동적으로 정정된 회전수

해설 22

터빈의 회전수가 발전기 회전자의 고유 진동 주파수와 일치하게 되면 터빈과 발전기 간에 기계적 공진이 발생하여 터빈 축이 부러지는 대형 사고로 이어진다.

[답] ②

23. 조상기에서 수소 냉각 방식이 공기 냉각 방식보다 좋은 점을 열거하였다. 옳지 않은 것은?
① 풍손이 작다.　　　　　　② 권선의 수명이 길어진다.
③ 용량을 증가시킬 수 있다.　④ 냉각수가 적어도 된다.

> **해설 23**
>
> 수소 기체의 특징
> (1) 비중이 가벼워 풍손이 적고, 소음이 작다.
> (2) 냉각이 우수하고, 코로나 방전이 적어진다.
> (3) 절연 내력이 우수하여 발전기 권선의 수명이 길어진다.
> (4) 수소의 열전도율이 좋아 이에 따른 냉각수의 양도 증가한다.
>
> [답] ④

24. 가스 터빈의 장점이 아닌 것은?
① 소형 경량으로 건설비가 싸고 유지비가 적다.
② 기동 시간이 짧고 부하의 급변에도 잘 견딘다.
③ 냉각수를 다량으로 필요로 하지 않는다.
④ 열효율이 높다.

> **해설 24**
>
> 가스 터빈은 구성이 간단하여 소형이고 제작비가 싸지만, 열효율이 나쁘기 때문에 첨두 부하용 발전원으로만 사용한다.
>
> [답] ④

25. 발전소 원동기로서 가스 터빈의 특징을 증기 터빈과 내연기관에 비교하였을 때 옳은 것은?

① 기동 시간이 짧고 조작이 간단하여 첨두 부하 발전에 적당하다.
② 평균 효율이 증기 터빈에 비하여 대단히 낮다.
③ 냉각수가 비교적 많이 들고 설비가 복잡하여 보수가 어렵다.
④ 소음이 비교적 작고 무부하일 때 연료의 소비량이 적게 된다.

해설 25

가스 터빈은 구성이 간단하여 소형이고 제작비가 싸지만, 열효율이 나쁘기 때문에 첨두 부하용 발전원으로만 사용한다.

[답] ①

26. 화력 발전소의 위치 선정 시에 고려하지 않아도 좋은 것은?

① 전력 수요지에 가까울 것
② 값싸고 풍부한 용수와 냉각수가 얻어질 것
③ 연료의 운반과 저장이 편리하며 지반이 견고할 것
④ 바람이 불지 않도록 산으로 둘러싸일 것

해설 26

화력 발전소의 바람직한 적정한 위치
(1) 연료를 수입해서 사용하므로 연료의 운반과 저장이 용이한 장소
(2) 전력 소비 장소, 즉 부하와 근거리에 위치한 장소
(3) 복수기에서 다량의 냉각수가 필요하므로 주로 바닷가 근처인 장소
(4) 소음과 배기 분진의 피해가 적은 주거 밀도가 낮은 장소

[답] ④

MEMO

Chapter 12

원자력 발전

01. 원자력 발전의 원리
02. 원자력 발전의 특징
03. 열중성자 원자로
04. 원자로의 종류
- 적중실전문제

… Chapter

12 원자력 발전

01 원자력 발전의 원리

(1) 원자력 발전은 화력 발전과 발전 원리가 같은 급수를 가열하여 증기를 만든 후, 그 증기를 이용하여 터빈을 돌려서 발전하는 방식이다.

(2) 단지, 화력 발전과의 차이점은 화력 발전의 보일러를 원자로로 바꾸고, 석탄 대신 우라늄을 연료로 사용한다는 점이다.

예제 1

원자로는 화력 발전소의 어느 부분과 같은가?
① 재열기　　　② 복수기　　　③ 보일러　　　④ 과열기

【해설】
원자력 발전이 화력 발전과의 차이점은 화력 발전의 보일러를 원자로로 바꾸고, 석탄 대신 우라늄을 연료로 사용한다.

[답] ③

---

02 원자력 발전의 특징

1) 장점

(1) 연료비가 훨씬 적게 들기 때문에 전체적인 발전 원가 면에서 유리하다.

(2) 분진, 유황 등으로 인한 대기나 수질, 토양 오염이 없는 깨끗한 에너지이다.

(3) 우라늄 1[g]이 핵반응을 일으키면 석탄 3톤에 상당하는 큰 에너지를 방출한다.

(4) 원자력 발전소의 설계, 건설, 운전은 국내 관련 산업 발달을 크게 촉진시킨다.

2) 단점

(1) 방사능의 피해가 엄청나므로, 방사능 누출에 대한 안전 대책이 중요해진다.

(2) 화력 발전소보다 건설비가 증가한다.

(3) 안전 문제로 인하여 화력 발전과는 달리 과열 증기 대신에 포화 증기를 사용하므로 열효율이 화력 발전소에 비해 떨어진다.

예제 2

우라늄 235(U^{235}) 1[g]에서 얻을 수 있는 에너지는 석탄 몇 톤[ton] 정도에서 얻을 수 있는 에너지에 상당하는가?
① 1 ② 2 ③ 3 ④ 4

【해설】
우라늄 1[g]이 핵반응을 일으키면 석탄 3톤에 상당하는 큰 에너지를 방출한다.

[답] ③

03 열중성자 원자로

1) 열중성자 원자로의 구성 요소

원자로는 그림처럼 핵연료, 감속재, 냉각재, 반사체, 제어봉, 차폐재로 구성되고 있다.

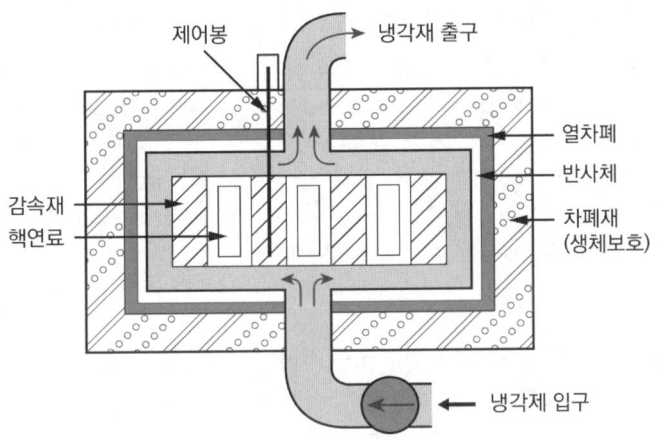

〈 원자로의 구성 〉

2) 각 구성 요소의 기능

(1) 감속재
① 역할 : 핵분열에 의해 발생된 고속 중성자(2MeV)를 열 중성자(0.025eV)까지 에너지(=속도)를 떨어뜨리는 작용

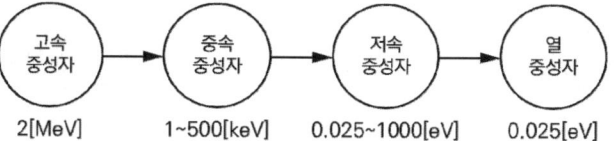

② 재료 : 경수(H_2O), 중수(D_2O), 흑연, 산화베릴륨(BeO) 등

(2) 냉각재
① 역할 : 원자로 내에서 발생한 열 에너지를 외부로 끄집어내는 것
② 재료 - PWR : 경수(H_2O)
       - PHWR : 중수(D_2O)

(3) 제어봉 (제어재)
① 역할 : 원자로 내에서 핵연료와의 위치를 변화시켜서 원자로 내의 중성자를 적당히 흡수하여 열중성자가 연료에 흡수되는 비율을 제어
② 재료 : 중성자 흡수가 큰 물질 (카드뮴, 붕소, 하프늄 등)

(4) 반사체
① 역할 : 핵분열로 발생한 중성자가 외부에 누출 되는 것을 방지하기 위한 것
② 재료 : 경수, 중수, 흑연, 산화 베릴륨 등

(5) 차폐재
① 역할 : 원자로 내부의 방사선이 외부에 누출되는 것을 방지하기 위한 벽의 역할
② 재료 : 콘크리트, 물, 납 등

예제 3

원자로에서 고속 중성자를 열 중성자로 만들기 위하여 사용되는 재질은?
① 제어재　　　② 감속재　　　③ 냉각재　　　④ 반사재

【해설】
감속재
(1) 역할 : 핵분열에 의해 발생된 고속 중성자를 열 중성자까지 에너지(=속도)를 떨어뜨리는 작용
(2) 재료 : 경수(H_2O), 중수(D_2O), 흑연, 산화베릴륨(BeO) 등

[답] ②

04 원자로의 종류

1) 비등수형 원자로(BWR : Boiling Water Reactor)

(1) 원자로에서 발생한 열로 증기를 만들어 직접 터빈에 보내는 방식

(2) 방사능 누출에 대한 문제가 있다. (일본 방식)

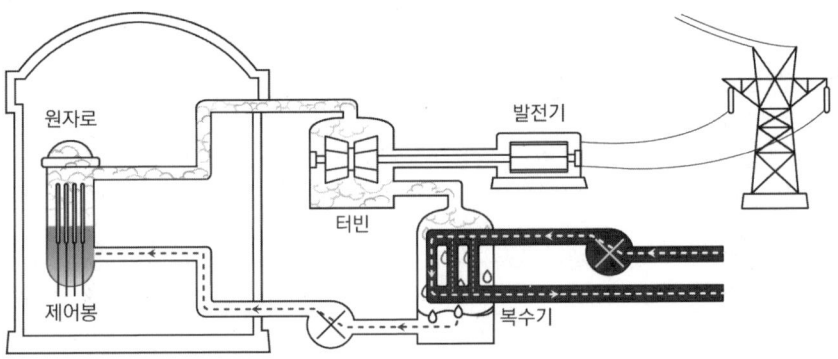

〈 비등수형 원자로(BWR) 〉

2) 가압수형 경수로(PWR : Pressurized Water Reactor)

(1) 원자로에서 발생한 열을 열교환기에 보내어 증기를 만든 후 터빈에 보내는 방식

(2) 방사능 누출에 대한 문제가 없다. (우리나라 방식)

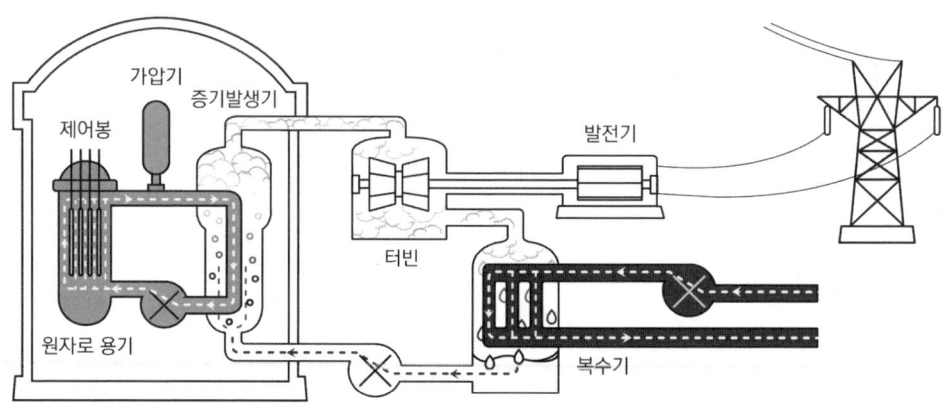

〈 가압수형 경수로(PWR) 〉

예제 4

비등수형 동력용 원자로에 대한 설명으로 틀린 것은?
① 노심 안에서 경수가 끓으면서 증기를 발생할 수 있게 설계된 것이다.
② 내부의 압력은 가압수형 원자로(PWR)보다 높다.
③ 발생된 증기로 직접 터빈을 회전시키는 방식을 직접 사이클이라 한다.
④ 직접 사이클의 노에서는 증기 속에 방사선 물질이 섞이게 되므로 터빈 안에까지 방사능으로 오염될 우려가 있다.

【해설】
비등수형 원자로(BWR)
(1) 직접 방식이므로 증기 발생기가 필요 없다.
(2) 증기가 직접 터빈에 들어가므로 방사능 누출 문제를 철저히 해결해야 한다.
(3) 물을 가압하지 않으므로, 원자로 내부의 압력은 가압수형 경수로(PWR)보다 낮다.

[답] ②

Chapter 12. 원자력 발전
적중실전문제

1. 핵연료가 가져야 할 일반적인 특성이 아닌 것은?
   ① 낮은 열전도율을 가져야 한다.   ② 높은 융점을 가져야 한다.
   ③ 방사선에 안정하여야 한다.   ④ 부식에 강해야 한다.

   해설 1

   핵연료 구비 조건
   (1) 열 전도율이 높을 것   (2) 융점이 높을 것
   (3) 방사선에 안정할 것   (4) 부식에 강할 것
   (5) 중성자 흡수 단면적이 작을 것 (6) 가볍고, 밀도가 클 것

   [답] ①

2. 원자력 발전소에서 필요하지 않은 것은?
   ① 핵연료   ② 감속재
   ③ 냉각재   ④ FD fan (강제 통풍기)

   해설 2

   원자로 필수 구성 요소
   (1) 핵연료   (2) 감속재   (3) 냉각재   (4) 제어봉

   [답] ④

3. 원자로에서 열중성자를 U^{235} 핵에 흡수시켜 연쇄반응을 일으키게 함으로써 열에너지를 발생시키는데, 그 방아쇠 역할을 하는 것이 중성자원이다. 다음 중 중성자를 발생시키는 방법이 아닌 것은?
   ① α 입자에 의한 방법
   ② β 입자에 의한 방법
   ③ γ 선에 의한 방법
   ④ 양자에 의한 방법

   해설 3

   중성자를 발생시키는 방법
   (1) α 입자에 의한 방법   (2) γ 선에 의한 방법   (3) 양자에 의한 방법
   [답] ②

4. 감속재에 관한 설명 중 옳지 않은 것은?
   ① 중성자 흡수 면적이 클 것
   ② 원자량이 적은 원소이어야 할 것
   ③ 감속능, 감속비가 클 것
   ④ 감속 재료는 경수, 중수, 흑연 등이 사용된다.

   해설 4

   감속재는 핵분열에 의해 발생된 고속 중성자(2MeV)를 열 중성자(0.025eV)까지 에너지(=속도)를 떨어뜨리는 작용만 해야하므로 원하는 열중성자 개수를 얻기 위해서는 중성자를 흡수하면 안 된다.
   [답] ①

5. 다음 중 감속재로 가장 적당하지 않은 것은?
   ① 경수
   ② 중수
   ③ 산화베릴륨
   ④ 무기 화합물

   해설 5

   감속재로서는 경수나 중수, 산화베릴륨을 사용한다.
   [답] ④

6. 원자로의 제어재가 구비하여야 할 조건으로 틀린 것은?
① 중성자 흡수 단면적이 적을 것
② 높은 방사선에서 장시간 그 효과를 간직할 것
③ 열과 방사선에 대하여 안정할 것
④ 내식성이 크고 기계적 가공이 용이할 것

해설 6

제어봉은 원자로 내의 중성자 개수를 조정하여 출력을 제어하는 역할을 하므로 중성자 흡수 능력이 좋아야 한다.

[답] ①

7. 원자로의 중성자 수를 적당히 유지하고 노의 출력을 제어하기 위한 제어재로서 적합하지 않은 것은?
① 하프늄　　② 카드뮴　　③ 붕소　　④ 플루토늄

해설 7

제어봉으로서는 카드뮴, 하프늄, 붕소를 사용한다. 플로토늄은 우라늄을 핵분열시키면 나오는 물질로서 원자폭탄의 재료가 되기도 한다.

[답] ④

★★★☆☆

8. 다음에서 가압수형 원자력 발전소에 사용하는 연료, 감속재 및 냉각재로 적당한 것은?
① 연료 : 천연 우라늄, 　감속재 : 흑연 감속, 　냉각재 : 이산화탄소 냉각
② 연료 : 농축 우라늄, 　감속재 : 중수 감속, 　냉각재 : 경수 냉각
③ 연료 : 저농축 우라늄, 감속재 : 경수 감속, 　냉각재 : 경수 냉각
④ 연료 : 저농축 우라늄, 감속재 : 흑연 감속, 　냉각재 : 경수 냉각

> **해설 8**
>
> 비등수형 원자로(BWR) : (1) 연료 : 저농축 우라늄　(2) 감속재 : 경수　(3) 냉각재 : 경수
> 가압수형 경수로(PWR) : (1) 연료 : 저농축 우라늄　(2) 감속재 : 경수　(3) 냉각재 : 경수
> 중수형 원자로(PHWR) : (1) 연료 : 천연 우라늄　(2) 감속재 : 중수　(3) 냉각재 : 중수
>
> [답] ③

★★☆☆☆

9. 원자력 발전소에서 비등수형 원자로에 대한 설명으로 틀린 것은?
① 연료로 농축 우라늄을 사용한다.
② 감속재로 헬륨 액체 금속을 사용한다.
③ 냉각재로 경수를 사용한다.
④ 물을 노내에서 직접 비등시킨다.

> **해설 9**
>
> 비등수형 원자로(BWR) : (1) 연료 : 저농축 우라늄　(2) 감속재 : 경수　(3) 냉각재 : 경수
>
> [답] ②

★★☆☆☆

10. 원자력 발전에서 제어 재료로 사용하는 것은?
① 하프늄　　② 스테인리스강　　③ 나트륨　　④ 경수

> **해설 10**
>
> 제어봉으로서는 카드뮴, 하프늄, 붕소를 사용한다.
>
> [답] ①

11. 원자로에서 독작용이란 것을 설명한 것 중 옳은 것은?

① 열중성자가 독성을 받는다.

② Xe^{135}와 Sn^{149}가 인체에 독성을 주는 작용이다.

③ 열중성자 이용률이 저하되고 반응도가 감소되는 작용을 말한다.

④ 방사성 물질이 생체에 유해 작용을 하는 것을 말한다.

> **해설 11**
>
> 원자로의 독작용이란 원자로 운전 중에 발생하는 열중성자 흡수 단면적이 큰 독물질이 생성되는데 이것이 핵반응을 감소시키게 되어 원자력 발전의 효율이 나빠지게 되는 것을 말한다.
>
> [답] ③

12. 증식비가 1보다 큰 원자로는?

① 경수로 ② 고속 증식로

③ 중수로 ④ 흑연로

> **해설 12**
>
> 증식로란 우라늄을 핵반응시키면 플로토늄이 생성되는데 다른 원자로보다도 플로토늄 생성량이 많은 원자로이다.
>
> [답] ②

13. 현재 실용화되고 있는 경수형 원자력 발전소에 사용되는 터빈의 특징을 일반적인 기력 발전용 터빈과 비교해서 설명한 것이다. 틀린 것은?
   ① 원자로에서 끌어낸 증기는 연료 피복재의 관계상 고온으로 할 수 없으므로 증기 조건은 좋지 못하므로 터빈이 대형으로 된다.
   ② 포화 증기를 사용하므로 터빈 각 단마다 습기의 제거 대책이 필요하다.
   ③ BWR의 경우는 방사능을 띤 증기를 사용하므로 증기가 외부로 새지 않는 터빈이 필요하다.
   ④ 회전수가 1,500~1,800[rpm]으로 낮아지므로 터빈 최종단의 가동 날개의 길이를 적게 할 수 있다.

해설 13

원자력 발전은 화력 발전에 비하여 포화 증기를 사용하므로 증기 조건이 나빠 원하는 발전 출력을 얻기 위해서는 사용하는 증기량을 늘려야 하므로 터빈을 크고 길게 제작하여야 한다.

[답] ④

# Chapter 13

새로운 발전

01. 신·재생 에너지

02. 태양 에너지 이용 발전

03. 육상 에너지 이용 발전

04. 해양 에너지 이용 발전

05. 신기술 발전

06. 에너지 저장 기술

- 적중실전문제

Chapter 13 새로운 발전

01 신·재생 에너지

1) [신 에너지 및 재생 에너지 개발·이용·보급 촉진법]

"기존의 화석 연료로 변화시켜 이용하거나 햇빛·물·지열·강수·생물 유기체 등을 포함하여 재생 가능한 에너지를 변환시켜 이용하는 에너지"라 정의하고, 11개 분야로 구분한다.

(1) 신 에너지
- 연료전지, 석탄 액화 가스화, 수소 에너지 (3개 분야)

(2) 재생 에너지
- 태양열, 태양광 발전, 바이오 매스, 풍력, 소수력, 지열 에너지, 해양 에너지, 폐기물 에너지 (8개 분야)

2) 신·재생 에너지 관련 용어

(1) 발전 차액 지원 제도 (FIT : Feed-in Tariff)
① 신·재생 에너지 발전에 의하여 공급한 전력의 거래 가격이 고시한 기준 가격보다 낮은 경우, 기준 가격과 전력 거래 가격과의 차액을 지원해 주는 제도
② 신·재생 에너지 설비의 투자 경제성 확보를 위해 마련한 제도이다.

(2) 신재생 에너지 발전 의무 할당제 (RPS : Renewable Portfolio Standards)
- 일정 규모 이상의 발전설비를 보유한 발전 사업자에게 총발전량의 일정량 이상을 신재생 에너지로 생산한 전력을 공급토록 의무화한 제도이다.

(3) 온실가스 (Green house Gas)
① 대기를 구성하는 여러 가지 기체들 가운데 온실 효과를 일으키는 가스
② 이산화탄소(CO_2), 메탄(CH_4), 아산화질소(N_2O), 수소불화탄소($HFCs$), 과불화탄소($PFCs$), 육불화황(SF_6) 가스가 온실가스에 해당한다.

(4) 탄소 배출권 (CER : Certified Emission Reduction)
① 기후 변화 협약에 따라 지구 온난화의 주범인 6가지 온실가스를 배출할 수 있는 권리를 말한다.
② 이산화탄소 배출량이 많은 기업은 에너지 절감 등 기술 개발로 배출량 자체를 줄이거나, 배출량이 적어 여유분의 배출권을 소유하고 있는 기업으로부터 그 권리를 구입해야 한다.

예제 1

다음 중 재생 에너지 분야에 속하는 것은 어느 것인가?
① 연료전지 발전 ② 석탄 액화 가스화 발전
③ 수소 에너지   ④ 태양광 발전

【해설】
재생 에너지 : 태양열, 태양광 발전, 바이오 매스, 풍력, 소수력, 지열 에너지, 해양 에너지, 폐기물 에너지 (8개 분야)

[답] ④

02 태양 에너지 이용 발전

1) 태양열 발전

(1) 원리

① 태양 에너지를 반사경 등으로 효율 좋게 집열하여 집열장치에 저장한 후, 이 열 에너지로 물을 가열해서 증기를 만든 다음, 이 증기로 터빈과 발전기를 돌려서 전력을 생산하는 발전 방식이다.

② 집열기를 통하여 태양열 에너지를 집열하여 열 에너지를 발생시킨 다음 과정은 증기 터빈에 의한 발전으로 되기 때문에 이 부분은 통상적인 기력 발전과 동일한 발전 원리이다.

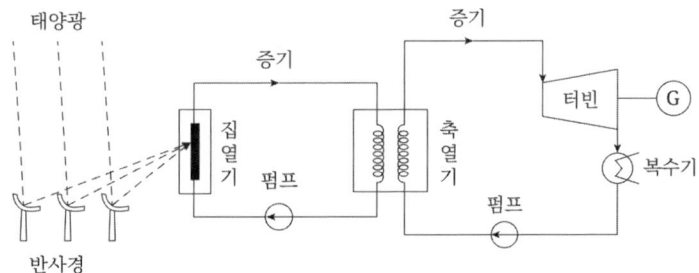

〈 태양열 발전 기본 구성도 〉

(2) 특징

① 태양 에너지는 무한량이다.
② 태양 에너지는 무공해 자원이다.
③ 지역적인 편재성이 없다.
  • 다소 차이는 있으나 어떠한 지역에서도 이용 가능한 에너지이다.
④ 에너지의 밀도가 낮다.

2) 태양광 발전

(1) 원리

① 태양광 발전(photovoltaic power generation)은 태양 전지를 이용하여 햇빛을 직류 전기로 바꾸어 전력을 생산하는 발전 방식이다.

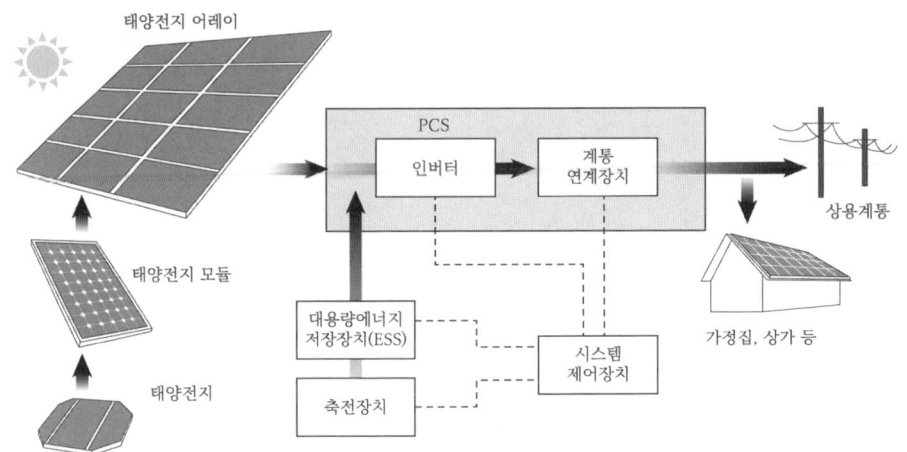

〈 태양광 발전 개념도 〉

② 태양 전지(Solar cell)

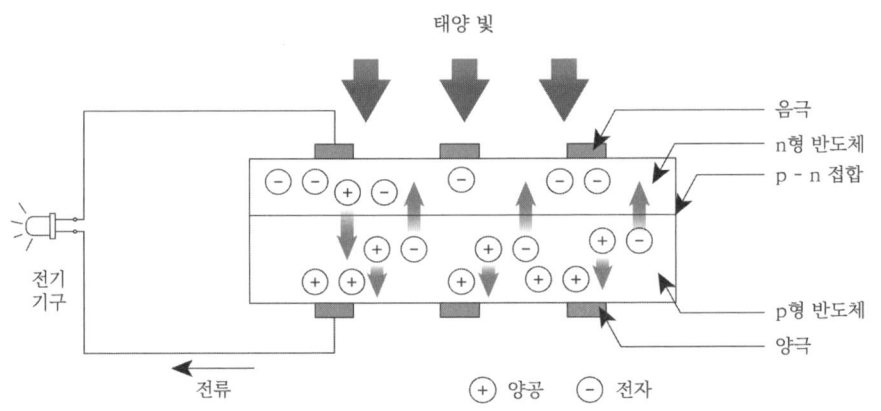

〈 태양 전지(Solar cell) 구조 〉

(2) 특징
　① 태양 에너지는 무한량이다.
　② 태양 에너지는 무공해 자원이다.
　③ 지역적인 편재성이 없다.
　　• 다소 차이는 있으나 어떠한 지역에서도 이용 가능한 에너지이다.
　④ 에너지의 밀도가 낮다.
　⑤ 태양 에너지는 간헐적이다.
　　• 야간이나 흐린 날에는 이용할 수 없으며 경제적이고 신뢰성이 높은 저장 시스템을 개발해야 한다.
　⑥ 변환 시(직류→교류) 고조파 영향이 있다.
　　• 발전된 전력은 직류이므로 계통에 연계 시 인버터에서 다량의 고조파가 발생하는 문제점이 있다.
　⑦ 태양 전지가 상당히 고가이다.
　　• 아직까지도 태양 전지의 제작 단가가 비싸고, 태양 전지의 에너지 변환 효율이 낮다.

예제 2

다음 중 태양열 발전의 구성이 아닌 것은?
① 반사경　　　　　　　② 집열기
③ 축열기 및 터빈　　　④ 인버터

【해설】
태양열 발전은 증기 터빈에서 얻은 토크를 이용하여 교류 발전기를 이용하여 교류를 생산하므로 인버터는 불필요하다.

[답] ④

03 육상 에너지 이용 발전

1) 풍력 발전

(1) 풍력 발전의 주요 구성

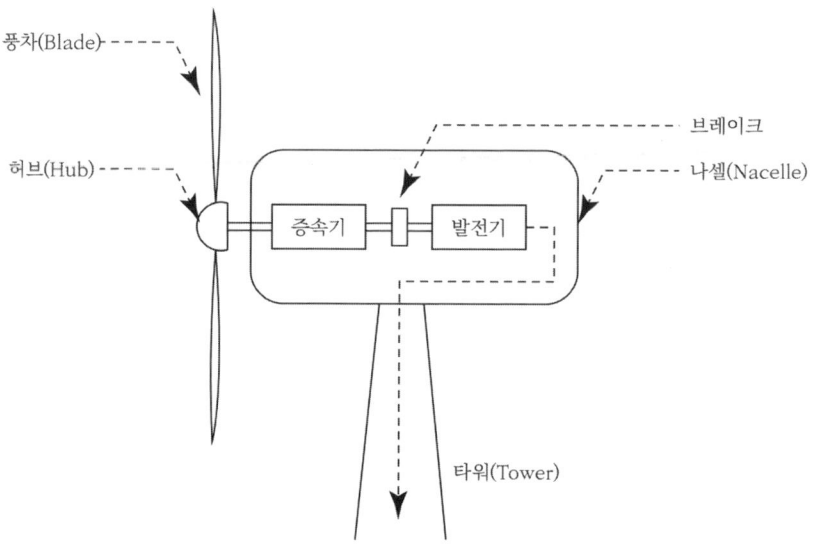

〈 풍력 발전의 기본 구성 〉

① 풍차(Blade)
- 바람의 에너지를 회전 운동 에너지로 변환하는 부분
- 상용화된 모델은 프로펠러형 Up-wind type의 3-Blade 형식이다.

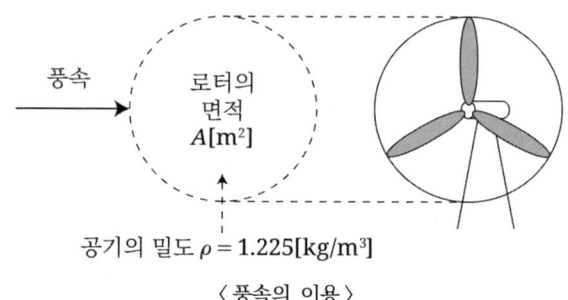

〈 풍속의 이용 〉

- 위 그림에서 공기의 운동 에너지는,

$$\therefore P = \frac{1}{2}mv^2 = \frac{1}{2}(\rho A v)v^2 = \frac{1}{2}\rho A v^3 \, [\text{W}]$$

② 허브(Hub)
- 날개를 회전축에 고착시키는 부분
- 가변 피치 방식의 풍차에서는 바람에 대한 날개의 각도를 조정하기 위한 장치를 내부에 수용하고 있다.

③ 증속기(Gearbox)
- 풍차에서 얻은 비교적 낮은 회전수를 발전기가 필요로 하는 정격 회전수까지 높이는 장치
- 증속기 유, 무에 따라 Gear type과 Gearless type이 있다.

④ 발전기(Generator)
- 초창기에는 풍차의 피치(날개 각도)를 바꿈으로써 회전 속도를 일정하게 유지하는 고정 속도형의 유도 발전기를 사용하였다. (Gear type)
- 최근에는 동기 발전기(영구자석을 계자에 사용)로 발전하고 회전 속도에 따라서 변화하는 주파수를 인버터로 조정하는 방식을 많이 사용한다. (Gearless type)

⑤ 나셀(Nacelle)
- 증속기라든가 발전기 등의 풍차의 본체를 수용하는 곳
- 또한, 나셀은 방수와 방음 역할도 하고 있다.

⑥ 타워(Tower)
- 풍차 전체를 지지하고 비교적 높은 위치에 놓이도록 하는 지지체

(2) 풍력 발전의 특징
① 연료비가 들지 않으며, 대부분 무인 원격 운전되므로 유지보수 비용이 작다.
② 바람의 운동 에너지 이용으로 화석연료의 대체 효과가 커 단기적으로 화석연료와 대등한 가격 경쟁력을 확보할 수 있는 대체 에너지
③ 초기 투자비가 높으나, 건설 및 설치기간이 짧다.
④ 설치 높이가 높아 지상 토지를 농사, 목축 등과 같은 용도로 활용 가능
⑤ 일부 지역의 경우 관광 자원화 가능

2) 지열 발전(Geothermal Power Generation)

(1) 지하의 고온층에서 증기나 열수의 형태로 열을 받아들여 발전하는 방식

(2) 지하로부터 고온의 증기를 얻으면, 이것을 증기터빈에 유도하고 고속으로 터빈을 회전시켜서 이와 직결된 발전기에 의해 전력을 생산한다.

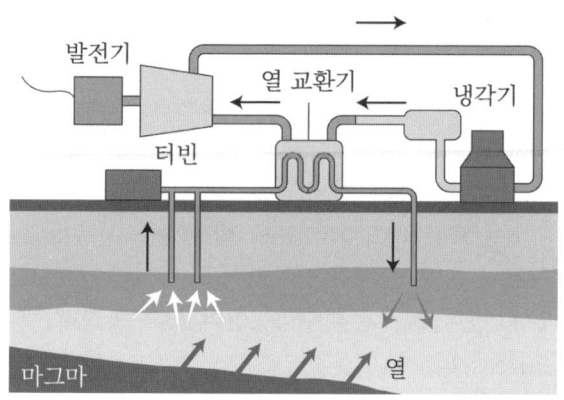

〈 지열 발전 개념도 〉

(3) 지열 발전의 장단점
   ① 지열 발전은 연료를 필요로 하지 않으므로 연료 연소에 따르는 환경 오염이 없는 클린 에너지이다.
   ② 열수 중에는 미량의 비소가 함유되어 있기 때문에 경제적인 탈 비소 기술이 확립된다면 열수는 귀중한 저온 열에너지 자원으로서 다목적으로 이용할 수 있다.
   ③ 지열 발전은 수력·화력·원자력 등 다른 발전 방법과 비교해서도 전혀 떨어지지 않는 좋은 경제성을 지니고, 시설 운영이 상대적으로 쉽고 가동률이 높다.
   ④ 남는 잉여열은 소규모 분산형의 로컬 에너지 자원으로서의 활용할 수도 있다.
   ⑤ 지열 발전을 할 수 있는 지형이 제한적이다.
   ⑥ 다시 보충할 수 없어 재생 불가능한 에너지이다.
      (일단 지열이 식으면 발전이 불가능)
   ⑦ 발전 시설 설치 후 땅의 침전이 있을 수 있으며 지중 상황 파악이 곤란하다.
   ⑧ 열정에서 분출하는 비응축성 가스 유해물질이 섞여 있을 수도 있다.

3) 소수력 발전(Small Hydro Power Generation)

(1) 설비용량 10,000[kW] 이하의 수력발전을 말한다.

(2) 신 에너지 및 재생 에너지 개발 이용·보급 촉진법에서는 소수력을 포함한 수력 전체를 신재생 에너지로 정의하고 있으며, 신재생 에너지 연구 개발 및 보급 대상은 주로 발전설비 용량 10[MW] 이하를 대상으로 하고 있다.

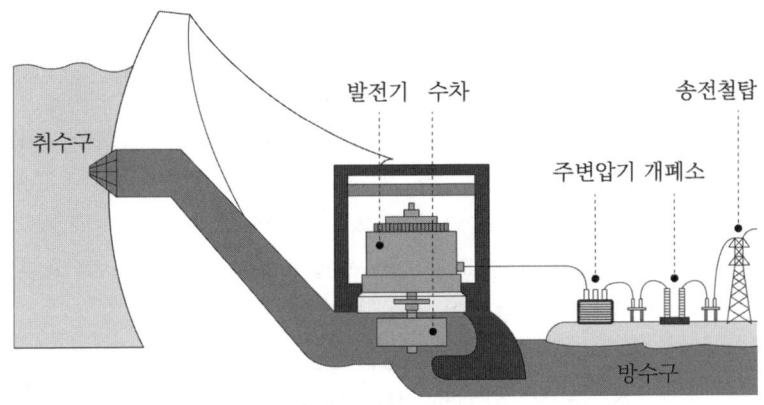

〈 소수력 발전 개념도 〉

(3) 소수력 발전의 장·단점
① 대용량의 수력 발전에 비해 친환경적이다.
② 연 유지비가 투자비의 3.63[%]로 아주 낮다.
③ 비교적 설계 및 시공 기간이 짧다.
④ 주위의 인력이나 자재를 이용하기가 쉽다.
⑤ 민간 주도의 반영구적 공익 사업으로서 지역 개발의 촉진과 이로 인한 경제적 파급 효과를 극대화시킬 수 있다.

예제 3

풍력 발전에서 자연의 바람에 의한 풍속을 직접 전달받는 부분은?
① 블레이드　　　② 허브　　　③ 증속기　　　④ 나셀

【해설】
블레이드(풍차)
(1) 역할 : 풍력 발전에서 풍속을 이용하여 풍력발전의 축을 회전시키는 부분
(2) 보통 3매의 블레이드가 허브에 연결되어 있는 3-블레이드 형식을 많이 사용

[답] ①

04 해양 에너지 이용 발전

1) 해양 에너지의 종류에는 크게 6가지로 나눠볼 수 있다.

(1) 조류 발전 (2) 조력 발전 (3) 파력 발전
(4) 해양 온도차 발전 (5) 해수 양수 발전 (6) 해상 풍력 발전

2) 조류 발전(Tidal current Power Generation)

(1) 조류 발전의 원리
① 조류 발전은 조수 간만의 차에 의해 발생하는 높은 유속을 이용하여 에너지를 생산하는 발전으로 물살이 빠른 곳에 터빈을 설치하여, 수평 유체 흐름을 회전 운동으로 변환시켜 전력을 생산한다.
② 조수 간만에 의해 밀물과 썰물 즉, 창조류와 낙조류가 발생하며, 이는 조수 간만의 차가 심할수록 유속이 빠르다.

〈 조류 발전 〉

(2) 조류 발전의 특징
① 기상 조건에 관계없이 지속적인 발전이 가능하고, 발전량의 예측이 가능하다.
② 조류의 속도가 빠른 서해안과 남해안에 적합하다.
③ 갯벌 황폐화 및 해양 생태계에 미치는 영향이 거의 없다.
④ 댐의 건설이 필요치 않아 기존의 조력 발전에 비해 투자 비용이 저렴하다.

3) 조력 발전(Tidal electric Power Generation)

(1) 조력 발전은 바다의 밀물과 썰물의 차이를 이용해 전기를 생산하는 것이다.

(2) 조석 현상으로 인해 해면 높이의 차이가 생기게 되고 이 과정에서 발생하는 위치 에너지의 차이를 전력으로 변환하는 발전방식이다.

(3) 조력 발전 방식
  ① 창조식 : 밀물 시에 발전한 후, 썰물 때 바닷물을 그냥 방류하는 방식
  ② 낙조식 : 밀물 시에 저수지에 바닷물을 저장한 후, 썰물 때 발전하는 방식
  ③ 복류식 : 밀물 때 발전함은 물론, 썰물 시에도 발전하는 방식

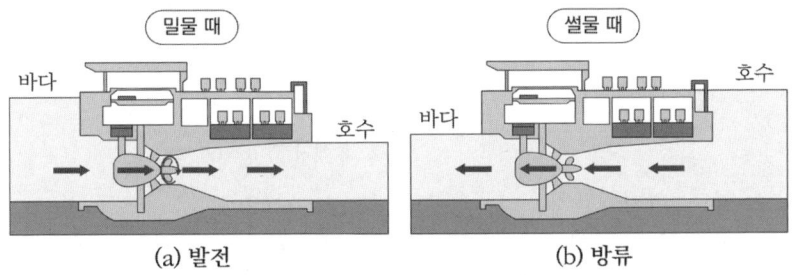

〈 창조식 조력 발전 〉

(4) 조력 발전의 특징
  ① 비 고갈성 무공해 발전원으로서, 해와 달이 존재하는 동안은 계속 전기를 생산할 수 있다.
  ② 전기가 생산되는 시간을 정확히 알 수 있다.
  ③ 다른 신재생 에너지보다 에너지 밀도가 커서 대용량의 발전소를 만들 수 있다.
  ④ 어류의 서식지 변화에 영향을 줄 수 있다.

4) 파력 발전(Wave Power Generation)

(1) 파도의 상하 운동을 에너지 변환장치를 통하여 기계적인 회전 운동 또는 축 방향 운동으로 변환시킨 후 전기 에너지로 변환시키는 방식이다.

(2) 파력 발전 형식

① 가동 물체식
- 부체의 동요를 회전운동으로 변환하는 방식

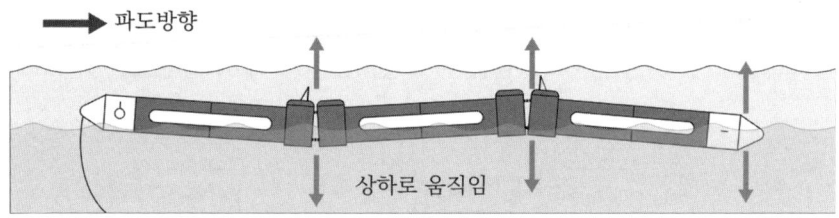

〈 가동 물체식 파력 발전 〉

② 공기 터빈식
- 파도의 상하운동에 따라 일어나는 힘으로 공기를 압축하거나 팽창시켜서 공기 터빈을 회전시키는 방식

5) 해양 온도차 발전(Gradient Power Generation)

(1) 해양 표층부와 해면 밑 수백 [m]의 해수 온도차(10~20[℃])를 이용하여 발전을 하는 방식이다.

(2) 동작 온도가 낮고 온도차가 작기 때문에 작동 유체로서는 암모니아, 프론 등의 비점이 낮은 매체가 사용된다.

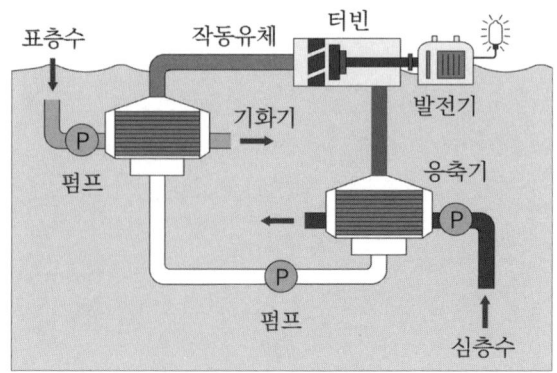

〈 해양 온도차 발전 〉

6) 해수 양수 발전

(1) 양수 발전의 일종으로, 해수를 양수하여 상부 조정지에 저장, 필요시 바다로 물을 낙하시켜 발전하는 것이다.

(2) 이 형식의 특징은 하부 조정지가 필요 없다는 점이며, 단점은 해양에 접해서 상부 조정지를 축조할 수 있고 고낙차가 얻어지는 지형 및 지질 조건이 요구된다는 점이다.

(3) 기술적인 문제로서는 해수에 의한 사용 기기 재료의 부식, 수로 공작물에의 해양 생물의 부착, 상부 조정지로부터의 해수 침투가 주변 환경에 주는 영향 등을 들 수 있다.

7) 해상 풍력 발전

(1) 해상 풍력 개발 필요성
  ① 바람이 잘 부는 지역에서 활용할 수 있는 풍력 에너지는 친환경 에너지라는 장점이 있지만 비용이 많이 들고 바람이 충분히 부는 지역에서만 사용할 수 있다는 단점이 있다.
  ② 그리고 아이러니하게도 친환경 에너지인 육상 풍력발전이 새의 이동이나 동물의 이동을 방해함으로써 생태계에 손상을 입히고, 자연 경관을 파괴한다는 이유로 많은 사람들이 반대하기도 한다.
  ③ 이러한 문제를 해결하기 위해 풍력 발전이 바다로 나아가고 있다.

(2) 해상 풍력 설치 방식
  ① 중력 케이스 방식
    • 수심이 20[m] 정도의 얕은 곳에서는 해저 면을 콘크리트로 다진 후에 기둥을 꽂는 방식으로 콘크리트로 단단히 고정한 아랫 부분이 해저에서 발생하는 수중 저항을 견뎌낸다.
  ② 모노 파일 방식
    • 수심 20~50[m] 이내에 설치할 때 적당한 방식으로, 해저 면에 콘크리트 지지대를 만들고 단단한 쇠기둥을 박아 그 위에 발전기를 설치하는 형식
  ③ 트라이 포드 방식
    • 수심 80[m] 정도의 먼 바다에 설치할 때 적당한 방식으로, 단단한 강재 구조물을 해저에 설치해 고정하고, 그 위에 풍력발전기를 설치하는 방식
  ④ 부유식
    • 배처럼 띄운 구조물에 발전기를 세우는 방식으로 수심과 관계 없이 풍력 발전기를 설치할 수 있는 것이 장점이 있다.

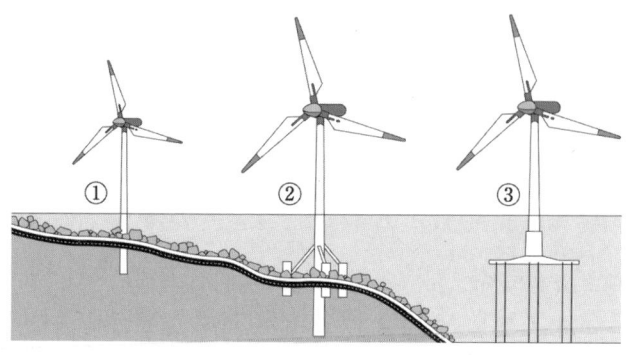

〈해상 풍차 설치 방식〉

〈부유식〉

예제 4

다음 중 밀물 시에 발전한 후, 썰물 때 바닷물을 그냥 방류하는 방식의 조력 발전은?
① 창조식　　　② 낙조식　　　③ 단류식　　　④ 복류식

【해설】
창조식 조력 발전소
(1) 밀물 시에 발전한 후, 썰물 때 바닷물을 그냥 방류하는 방식
(2) 우리나라의 시화호 조력 발전소가 이에 해당한다.

[답] ①

05 신기술 발전

1) 연료전지 발전(Fuel Cell Generation)

(1) 연료를 연소시키지 않고 전기·화학적으로 반응시켜서 직접 전기 에너지로 끄집어 내어 발전하는 형식

(2) 생산되는 전기는 직류가 유기되므로, 반드시 전력 변환장치(인버터)가 필요

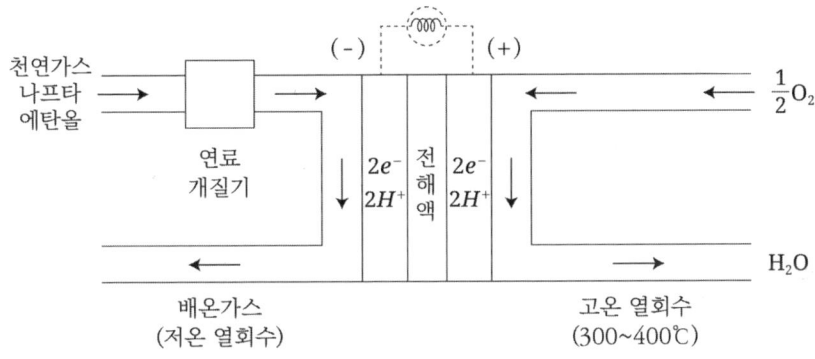

〈 연료전지 발전의 원리 〉

(3) 즉, 다음과 같은 전기·화학반응을 이용한 발전이다.

① 연료극 : $H_2 \rightarrow 2H^+ + 2e^-$

(∴ 전자를 외부 회로에 흘림으로서 $-$극이 된다.)

② 산소(공기)극 : $\frac{1}{2}O_2 + 2H^+ + 2e^- \rightarrow H_2O$

(∴ 전자를 외부 회로에서 얻음으로써 $+$극으로 된다.)

③ 위 양식을 더하면 잘 알려진 수소의 산소에 의한 산화반응이 된다. 즉,

- $H_2 + \frac{1}{2}O_2 \rightarrow H_2O +$ 직류 $+$ 열

(4) 연료전지 발전의 구성

① 연료 개질기(Fuel reformer)
- 수소를 주성분으로 하는 가스를 생산하고 연료전지 스택에 공급하는 장치

② 스택(stack)
- 수소가 공급되는 연료극과 전해질, 산소가 공급되는 공기극이 하나의 셀로 되어 직류 전력을 실제로 발생시키는 부분

③ 전력 변환 장치(Inverter)
- 스택(stack)에서 만든 직류 전력을 상용 주파 교류 전력으로 역변환시키는 역할

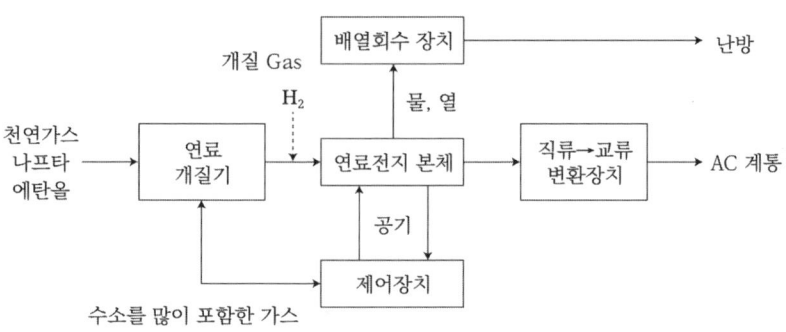

〈 연료전지 발전의 구성 〉

(5) 연료전지의 특징
① 에너지 변환 효율이 높다.
② 연료전지 본체가 Module 구성으로 되어 있다.
③ 환경상의 문제가 없다.
④ 단위 출력당의 용적 또는 무게가 작다.
⑤ 부하 조정이 용이하고 저부하에서도 발전 효율의 저하가 작다.
⑥ 다양한 연료의 사용이 가능하다.

2) 전자유체 역학 발전(Magnet Hydro Dynamic Generation)

(1) MHD 발전의 원리
① 석탄이나 중유 등을 연소해서 얻어진 고온 연소가스(2,000~2,700[℃])를 전기 도체 대신으로 사용해서 이것을 강력한 자계 속을 통과시켜서 자속을 끊음으로써 패러데이(Faraday)의 전자 유도 법칙에 따라 발전하는 것
② 즉, 자기장의 수직적인 방향으로 전기 전도성 유체(플라즈마, 액체 금속 등)을 보내, 이로 인해 전자기 유도에 의하여 일어나는 전력을 이용한 발전이다.

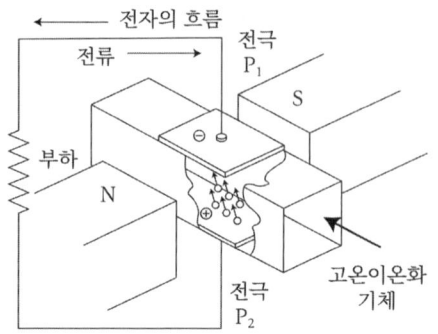

〈 MHD 발전의 원리 〉

(2) MHD 발전의 특징
① 기계적인 회전 부분이 없기 때문에 대형화에 적합하다.
② 고온의 유체를 사용하므로 열기관으로서의 효율도 높일 수 있다.
③ 발전을 끝낸 연소가스가 아직도 2,000[℃]에 가까운 고온의 기체이기 때문에 이것을 또다시 이용할 수 있다.
④ MHD 발전의 출력은 직류이기 때문에 직류-교류 변환장치가 필요하다.

06 에너지 저장 기술

1) 역학적 에너지 저장

(1) 양수 발전
① 전기 에너지를 위치 에너지 형태로 대규모 저장하는 시스템
② 양수 발전에서의 위치 에너지의 증가
- $W = \int_0^h F dx = \int_o^h mg\,dx = mgh$ [J]

(h : 낙차, m : 양수량, g : 중력 가속도)

(2) 플라이 휠 저장
① 전기 에너지를 회전 관성 에너지 형태로 저장하는 시스템
② 플라이 휠에 저장될 운동 에너지 E 는,
- $E = \dfrac{1}{2} I w^2 = \dfrac{1}{2} m v^2$ [J]

단, I : 회전 관성 모멘트, ω : 회전 각속도,
m : 플라이 휠 질량[kg], v : 주변 속도[m/s]

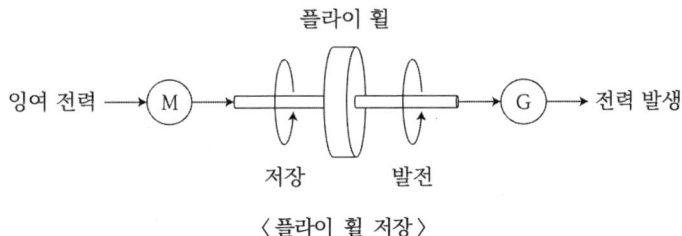

〈플라이 휠 저장〉

(3) 압축공기 저장 가스터빈 시스템(CAES-G/T)
   심야 경부하 시 잉여 전력으로 압축공기를 저장시킨 후에 중부하 시에 이 저장된 압축 공기를 이용하여 가스터빈 발전

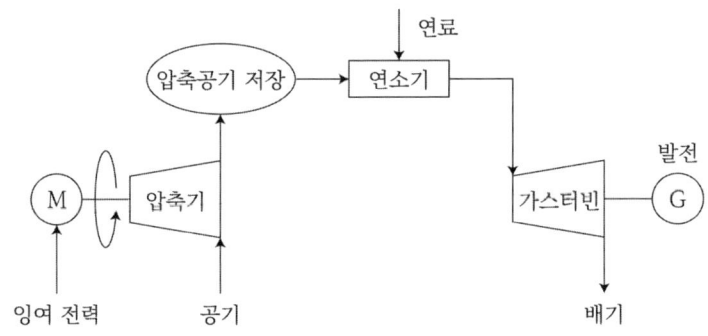

〈 CAES 가스터빈 발전 〉

2) 전자기 에너지 저장

(1) 콘덴서 저장
   ① 콘덴서에 저장되는 에너지는,
   - $W = \dfrac{1}{2}CV^2$ [J]

   ② 대규모 저장이 어려워 상용화 가능성이 희박함

(2) 초전도 코일 자기 에너지 저장(SMES)
   ① 초전도 코일의 자기 인덕턴스에 저장되는 에너지는,
   - $W = \dfrac{1}{2}LI^2$ [J]

   ② 즉, 잉여 전력을 이용해서 장시간 저장이 가능한 초전도 코일에 에너지를 축적시킨 후, 필요할 때에 이를 계통에 역공급하여 전력 공급하는 시스템

3) 열 에너지 저장

(1) 저장 에너지 W 는,

- $W = m \int_{i(T_1)}^{i(T_2)} di$

여기에서, m : 축열재 총중량,
i : 온도 T의 축열재의 엔탈피
T_1, T_2 : 축열 전·후의 축열재 온도

(2) 엔탈피의 변화는 크게,
① 현열형 축열 : 축열재의 온도 변화에만 의할 경우
② 잠열형 축열 : 상태 변화를 일으키는 잠열이 가해질 경우의 2가지로 나누어진다.

4) 화학 에너지 저장

(1) 에너지를 화학 에너지의 형태로 저장하는 것

(2) 1차 전지 : 전해물질이 전지에 내장되어 있는 장치로서 충전이 불가능한 건전지

(3) 2차 전지 : 전극과 활성화(전해) 물질로 이루어져 있으며, 충전에 의해 활성화 물질을 재생할 수 있는 전지

예제 5

다음의 에너지 저장 원리 중 역학적 에너지 저장 기술은 어느 것인가?
① 축전지　　　　　　② 양수 발전소
③ 초전도 코일　　　　④ 심야 보일러

【해설】
양수발전
심야의 경부하 시에 남는 전력을 이용하여 하부 저수지의 물을 높은 위치의 상부 저수지에 저장해 놓는 에너지 저장 원리로서, 필요할 때에 이 저장된 물을 낙하시키면서 발전한다.

[답] ②

Chapter 13. 새로운 발전
적중실전문제

1. 다음 중 태양광 발전의 특징이 아닌 것은?
① 연료비가 없다.　　　　② 구성이 간단하다.
③ 소음이 적다.　　　　　④ 발전 효율이 우수하다.

해설 1
태양광 발전은 일반 화력 발전에 비하여 태양 전지에서 얻을 수 있는 발전 효율이 나쁜 편이다.

[답] ④

2. 태양 전지에 태양광을 입사시키면 pn 접합 반도체에서 분리되는 성분과 극성의 조합이 맞는 것은?
① 양공 : (+)극, 전자 : (-)극　　② 양공 : (-)극, 전자 : (+)극
③ 중성자 : (+)극, 전자 : (-)극　④ 중성자 : (-)극, 전자 : (+)극

해설 2
태양 전지는 평상시에 양공과 전자가 pn 반도체에 혼합되어 있다가 태양광이 조사되면, 양공은 (+)극으로, 전자는 (-)극으로 분리되면서 직류 전기를 생산하게 된다.

[답] ①

3. 태양광 발전에서 태양 전지에서 생산된 직류를 교류로 변환시키는 장치는?
① 컨버터　　　　② 인버터
③ VVVF　　　　④ 정류기

해설 3
(1) 컨버터 : 교류를 직류로 변환하는 장치
(2) 인버터 : 직류를 교류로 변환하는 장치

[답] ②

4. 다음 중 풍력 발전의 장점이 아닌 것은?
   ① 일반 화력 발전에 비하여 구성이 간단하다.
   ② 건설 기간이 짧다.
   ③ 유지·보수가 화력 발전에 비하여 간편하다.
   ④ 꾸준히 발전이 가능하여 축전지와 같은 전력 저장 장치가 불필요하다.

> **해설 4**
> 풍력 발전에 필요한 바람의 풍속은 실시간으로 변하므로 전력계통에 일정한 전력 공급을 위해서는 축전지 설비 등이 필요할 수도 있다.
> [답] ④

5. 다음 중 풍속에 의해 얻어진 풍차 날개의 비교적 저속의 회전 속도를 발전기가 필요한 고속의 회전 속도로 변환하는 부분은?
   ① 허브(Hub)   ② 나셀(Nacelle)
   ③ 증속기(Gear)   ④ 타워(Tower)

> **해설 5**
> 풍력 발전은 자연적인 바람의 풍속의 힘으로는 고속의 회전수를 얻을 수 없기 때문에 증속기를 이용하여 고속의 회전수를 얻어낸 후 발전기를 구동한다.
> [답] ③

6. 지하의 고온층에서 증기나 열수의 형태로 열을 받아들여 발전하는 방식은?
   ① 지열 발전   ② 수열 발전
   ③ 해양 온도차 발전   ④ 양수 발전

> **해설 6**
> 지열 발전 : 지하 깊숙이 매장되어 있는 마그마에 의한 매우 뜨거운 열을 이용하여 물을 증발시켜 증기를 만들어 이를 이용하여 터빈을 회전시켜 발전하는 방식
> [답] ①

7. 소수력 발전의 특징이 아닌 것은?

① 일반 수력 발전에 비하여 시설비가 저렴하다.
② 주변의 자원을 이용하여 발전소를 건설하여 건설 기간을 줄일 수 있다.
③ 대용량의 수력 발전에 비해 친환경적이다.
④ 기존의 수력 발전과는 발전 원리가 전혀 다른 발전 방식이다.

해설 7

소수력 발전은 비교적 보유 유량이 적은 하천 등을 이용하여 소규모로 수력 발전을 구성하여 운영하는 것으로, 발전의 기본 원리는 일반 수력과 큰 차이는 없다.

[답] ④

8. 조력 발전의 장점이 옳게 설명된 것은?

① 발전 가능시간을 정확하게 예측이 가능하다.
② 바닷물의 밀물과 썰물의 운동 외에도 부가적인 연료 공급이 되어야 발전이 가능하다.
③ 높은 댐을 건설할 필요가 전혀 없이 바닷물의 자연적인 흐름을 이용하여 발전이 가능하다.
④ 해수의 염분에 의한 설비의 부식 문제를 고려할 필요가 없다.

해설 8

조력 발전은 바닷물의 규칙적인 밀물과 썰물의 시간을 정확하게 예측할 수 있으므로 태양광 발전이나 풍력 발전과는 달리 정확한 발전 가능시간을 알 수 있다.

[답] ①

9. 해양 온도차 발전에서 냉매로 사용되는 것은?

① 수소　　　　　　　② 암모니아
③ 질소　　　　　　　④ SF_6 가스

해설 9

해양 온도차 발전은 바닷물의 표층의 비교적 고온과 심층의 차가운 저온의 온도차를 이용하여 기화하기 쉬운 암모니아를 이용하여 발전하는 방식이다.

[답] ②

10. 연료 전지 발전에서 수소와 산소를 반응시켜 직류를 생산하는 부분은?

① 스택　　　　　　　② 연료 개질기
③ 전력 반응기　　　　④ 터빈

해설 10

연료 전지 발전은 수소와 산소가 반응하면 이로부터 직류가 생산되는 원리를 이용한 전기분해의 역반응 발전으로서, 소수와 산소를 반응시켜 직류를 생산하는 부분을 스택이라 부른다.

[답] ①

11. MHD(전자 유체 역학 발전)은 다음 중 어떤 법칙을 이용한 발전방식인가?

① 패러데이 법칙　　　② 암페어 법칙
③ 비오-사바르 법칙　 ④ 키르히호프의 법칙

해설 11

MHD 발전은 도전성의 기체가 자극을 통과하면서 전력을 발생시키는 패러데이의 전자 유도 현상을 이용한 발전 방식이다.

[답] ①

12. 다음 중 전력 에너지 저장 원리의 분류가 아닌 것은?
　　① 역학적 에너지 저장　　② 전자기 에너지 저장
　　③ 화학적 에너지 저장　　④ 기계적 에너지 저장

　　해설 12

　　전력 에너지 저장 원리 4가지 분류
　　(1) 역학적 에너지　　(2) 전자기 에너지
　　(3) 화학적 에너지　　(4) 열 에너지

　　[답] ④

13. 다음 중 에너지 저장의 원리가 다른 것은?
　　① 양수 발전　　② 플라이 휠
　　③ 압축 공기　　④ 초전도 코일

　　해설 13

　　(1) 역학적 에너지 저장 : 양수 발전, 플라이 휠, 압축 공기
　　(2) 전자기 에너지 저장 : 콘덴서 저장, 초전도 코일 저장

　　[답] ④

편저자	윤석만
	고려대학교 전기공학과 졸업
	現 배울학 전기 교수
	現 오진택 기술사전문학원 교수
	前 대양 전기학원 교수
	前 김상훈 전기학원 교수
	前 김기남 전기학원 교수
	前 대한 전기학원 교수

발송배전기술사 / 전기기사

· 배울학 ② 회로이론
· 배울학 ⑤ 제어공학
· 2022 배울학 전기기사 766 필기 7개년 기출문제집
· 2022 배울학 전기공사기사 766 필기 7개년 기출문제집
· 배울학 전기산업기사 1033 필기 10개년 기출문제집
· 배울학 전기공사산업기사 1033 필기 10개년 기출문제집
· 회로이론(NT미디어)
· 전력공학(NT미디어)
· 발송배전기술사-기본서 상·하(윤북스)
· 발송배전기술사-심화과정문제풀이집 상·하 (윤북스)
· 발송배전기술사-기출문제풀이집(윤북스)

배울학 전력공학

발행일	2022. 03. 01 1쇄 발행
발행처	배울학
주소	서울특별시 동대문구 왕산로 43 디그빌딩 2층
이메일	help@baeulhak.com
ISBN	979-11-89762-37-7
정가	15,000원

· 교재에 관한 문의나 의견, 시험 관련 정보는 배울학 홈페이지 http://electric.baeulhak.com을 이용해주시기 바랍니다.
· 이 책의 모든 부분은 배울학 발행인의 승인문서 없이 복사, 재생 등 무단복제를 금합니다.

※ 이 도서의 파본은 교환해드립니다.